女性自衛官

キャリア、自分らしさと任務遂行

上野友子　武石恵美子

JN009632

光文社新書

プロローグ

なぜ「女性自衛官」なのか

本書は、女性の幹部自衛官、中でも子育てをしながら働く自衛官の語りを中心に構成しています。

女性幹部自衛官と聞くだけで背筋が伸び、何か遠い存在のように感じるかもしれません。しかし、彼女たちの語りを紹介したいと考えたのは、特別な女性の存在を知ってほしいからではありません。様々な語りの内容が、女性のキャリアを考える上で豊富な視点を提供してくれると考えたからです。彼女たちが特別な世界にいる女性たち、であれば本書を書く動機づけにはならなかったと思うのですが、女性自衛官も民間企業で働く女性も、「男性社会」

という色彩が強い組織の中で、日々様々な課題や葛藤に直面しながら、一つひとつ向き合って対応し生活している点は同じなのです。

とはいっても、自衛隊の組織は、その任務の特殊性から圧倒的に男性が多く、いわゆる「男性的」な構造が色濃く反映されています。自衛隊が最初に女性を採用したのは保安庁時代の１９５２年で、看護師（当時は看護婦）資格を持つ女性に限定した採用でした。その後１９６７年に陸上自衛隊、１９７４年に海上・航空自衛隊において、一般職域での女性の採用が始まりますが、女性が配置される職種・職域[1]の制限は続き、女性に対する配置の制限が撤廃されたのは２０１８年です。

このような組織を題材にすることで、女性が仕事を遂行する上で抱える課題や、出産・子育てをしながらぶつかる壁、それに対する女性の対応や周囲の支援など、女性がキャリアを形成する上で直面する課題や女性が抱く葛藤、それをどのようにとらえて自身のキャリアを評価しているのか、という点がよりクリアにみえてくるのではないかと考えました。組織の中の少数者が感じる違和感、一方で様々な壁が立ちはだかる中で助けてくれる周囲からのサポートへの感謝、また自身の仕事への強い使命感など、彼女たちのプロ意識を支える要素は、自衛隊という組織だからこそ、より鋭角的に描き出すことができるのではないでしょうか。

本書が読者の皆さんと一緒に考えてみたい「問い」は、「幹部自衛官として仕事を続けてきた女性は、自身の仕事（任務）をどのようにとらえてキャリアを形成してきたのか。子育てもしながら働く女性は、キャリア形成上の壁をどのように乗り越え、壊してきたのか」ということです。女性自衛官の語りから、この点にアプローチをしたいと思っています。「自衛隊」という組織、そこで働く「女性自衛官」というケースを取り上げ、彼女たちの仕事や家庭、責任に向き合いながら働き続けてきた姿を通して、特殊な環境にいる女性の話、ではなく女性に共通するキャリアの現状に迫りたいと考えました。

著者の一人の上野は防衛省の事務官で、女性自衛官のキャリア形成に関心を持ち、２０１８年に法政大学大学院に社会人学生として入学しました。このテーマで上野がまとめた修士論文の指導教員が、本書のもう一人の著者であり女性のキャリアを専門とする同大学院教授の武石です。本書はこの修士論文執筆の過程で聴き取った内容をベースにまとめたものです。

本書の構成と二つの留意点

本書の構成は次のとおりです。まず第1章で、自衛隊、自衛官について説明をします。第2章では自衛官という仕事を選んだ理由に迫り、第3章では自衛官としての仕事を続けてきた背景にある仕事への想いをみていきます。第4章と第5章は自身のキャリア形成の評価で、第4章が横に広がるキャリア、第5章が上に延びるキャリアを取り上げています。その上で、仕事を続ける中で女性自衛官に立ちはだかる壁をどのように乗り越え、時には壊してきたのかを第6章で紹介し、第7章は女性にとっての大きな壁である仕事と子育ての両立の問題を取り上げます。最後の第8章で、全体をまとめます。

なお、本書のテーマに関しては、次の二つの留意点を明確にしておきます。

これまで軍事組織の中の女性や女性自衛官を取り上げてきた研究や書籍では、軍事組織におけるジェンダー構造や女性差別の現状、あるいは軍隊や戦闘職種に女性が参画することの是非についての議論など、フェミニズムの視点からのアプローチがなされてきました[2]。フェミニズム研究において、「軍事組織」で男女平等を目指すべきという意見は必ずしも多数ではありません。軍事組織における女性のポジションをどのようにとらえるか、軍事組織における男女平等とは何か、という視点は極めて重要な議論だと思いますが、本書ではこの点について掘り下げることはしないということを一つ目の留意点として述べておきます。

自衛隊における男女平等の在り方についての議論は、紙幅を割いて丁寧に議論すべきであると考えており、本書を通じて、軍事組織である自衛隊は女性を増やして男女平等を実現すべきである、という自衛隊の在り方に関する見解を述べる意図はありません。本書は、あくまでも、自衛隊という一つの組織を題材にして、そこでキャリアを形成する女性の姿に光を当てようとするものであり、その範囲において自衛隊の組織側の課題を提起していきます。

二つ目の留意点ですが、本書では「女性自衛官」という言葉が多用されます。当然、女性の自衛官の方からは、自分は「自衛官」であって「女性自衛官」ではないという意見が出てくると思います。また「女性」、「男性」という表現が多く、ＬＧＢＴＱ（あるいはＳＯＧＩ）といわれる性的少数者についての配慮を欠いているという印象を持たれるかもしれません。これは私たちも注意した点なのですが、本書は、男性が多い自衛隊の中で働く「女性」の姿をとらえようとしています。もちろん、男性vs.女性という構造でとらえることによってみえなくなってしまう課題があるのは承知していますが、本書の議論を「女性のキャリアの課題」という普遍的なテーマへと発展させるために、男性vs.女性という軸を設定することが有効であると考え、「女性自衛官」という対象設定を行いました。

女性自衛官のキャリアへのアプローチ

「女性自衛官のキャリア」という言葉が出てきていますが、この意味するところを明確にしておきましょう。

そもそも「キャリア」とは、ラテン語における車輪のついた乗物向けの車道「carraria」が語源で、比喩的に職業や人生の経路、経歴なども意味するようになったとされています[3]。キャリアは広義には人生の経歴であり、狭義には職業上の経歴となります。

当然、個人の経歴である「キャリア」は本人に帰属するものですが、社会、組織の制度や文化、他者との関係など、様々な条件の下で形成されていきます。本書では、女性自衛官のキャリアにアプローチをするので、自衛隊という組織構造の特性がキャリア形成の前提条件です。加えてそこで働く人、生活で関わる人たちと女性自衛官個人の相互作用も重要です。そうした中で女性自衛官がどのようなキャリアを形成し、それをどのように自己評価しているのか、また今後の自身をどのように展望しているのか、という点を取り上げます。

キャリア研究の第一人者のエドガー・シャインは、組織内で形成されるキャリアを、時間経過に伴う組織の問題と個人の問題の「調和過程」としてとらえています[4]。ここで「調和過程」としているのは、組織と個人のどちらにも有益な関係となることがキャリア形成には重要であると考えたからです。仕事をしてもらいたいという組織の視点、個人のキャリアプランという個人の視点、この双方を尊重し両者の調和を図ることが重視されます。特に女性は、男性に比べると家庭生活などの責任をより重く担いながら仕事をしていることが多いため、個人側の事情が複雑で多様性を帯びます。

　このように男性とは異なる社会や職場環境の下にある女性が、組織側の要求（公の部分）と自身が望むありたいキャリア（私の部分）との調整・調和をどのように図ってキャリア形成を展開してきたのかについて、女性自衛官のケースで考えていこうと思います。

第一のキーワード「自分らしさ」

　女性自衛官のキャリアのユニークさは、まず、仕事選びの自己決定の程度の高さにあるのではないでしょうか。とはいえ、必ずしも女性自衛官全員が強い意志を持って自衛官という職業を選んでいるわけではないことは、第1章で紹介します。

　ただし、女性が自衛官という仕事を選び、そこで継続してキャリアを形成しようとすると、現実には様々なハードルがあります。女性が仕事を選択する際に「自衛官」というオプションは入りにくいこと、自衛官になりたいと言ったときに家族など周囲からの不安などネガティブな反応が出てきそうなこと、自衛隊が男性社会であることやハードな訓練や経験など仕事を続ける上での壁が多そうなこと。こうしたことを斟酌《しんしゃく》すると、仕事選択の時点で自衛官になることを積極的に受け入れ、自衛官になった後も「こうありたい」という想いを持ちながら、キャリア選択やキャリア継続の自己決定が行われていたことが想像できます。

職業選択において「ありたい自分」を見据え、「自分らしく」働く場として自衛官を自律的に選択した女性たちが、その後自衛隊という組織の中で、どのように「自分らしい」キャリアを形成しているのか、が注目したい一つ目の点です。また、この「自分らしく」というのは、「私」の領域とも関連します。子どもを持つ女性自衛官は、プライベートでも母親という重要な役割を担います。それを含めて「ありたい自分」が明確になっているはずです。

第二のキーワード「任務遂行」

一方の組織側の要求が二つ目のキーワードです。自衛隊の組織でいえば、「任務遂行」というのがわかりやすいのではないでしょうか。自衛隊の業務特性は、その「任務」の特殊性にあるでしょう。もちろん一般の企業も、それぞれに組織のミッションがあり、その実現のために従業員個々人に仕事上の責任が与えられます。この構造は自衛隊も同様です。

しかし自衛隊のミッションは、「任務」と表現するのがふさわしいでしょう。大きくとらえると国を守るという自衛隊の組織としての任務があります。その下で、国を守るための様々な局面で、その場面に応じた任務の遂行が自衛官個々人に求められていきます。時には国防であったり、時には人命に関わる災害支援であったり、ある時は国際協力かもしれません。その任務は、即応性が求められると同時に失敗が許されないという厳しい状況の下で遂行されていくのです。こうした業務特性から、「仕事内容」や「仕事上の責任」というよりも、「任務」という言葉で表現するのがしっくりくると考えました。

この自衛隊組織の中で個々の自衛官の任務の適切な遂行を保証するために、自衛隊の組織構造やマネジメントの特殊性が存在するといえるでしょう。明確な階級制度、任務遂行のための訓練を含む人材育成の仕組み、指揮命令系統が明確な職場マネジメントなど、民間企業の組織とは質的に異なる体制の下で任務が進められていきます。この「任務」というものが、明確な輪郭を持って所与のものとして決まっており、自衛官個々人の裁量が入り込む余地は極めて少ないようにも思えます。こうした任務の特徴は、働く側からみると、自由度がない窮屈な働き方のようにも思われます。

「自分らしさ」と「任務遂行」の共存

ありたい自分を自己決定して自分らしくキャリアを形成しようとした女性たちが、規律性が高く、その意味で個人の裁量度が低いと考えられる自衛隊の組織構造の中で、「自分らしさ」と「任務遂行」をどのように調和させてきたのでしょうか。もちろん、どのような職業においても、個人と組織の調和過程には困難を伴いますが、女性自衛官という対象は、この両者の対立軸が極めて明確であるがゆえに、本質をとらえやすいのではないかと考えました。

　自衛隊の外の企業社会に目を向けると、組織が個人の行動を統制することは時代遅れとなりつつあり、自分のキャリアは自分で考える自律的なキャリア形成への流れが加速しています。しかし、キャリアの議論における自律は、個人が好きなことを自己選択で勝手に始めるということではなく、組織からの要請を踏まえつつ、その中で自分は何ができるか（can）、何をしたいのか（will）、何に価値を見出すのか（value）、を問うことが重要になるのです。「自分らしさ」と「任務遂行」との間で女性自衛官はどのような想いで日々生活し、どのような行動をとりながらキャリアを形成してきたのか、を考えてみることにより、改めて「自律的なキャリア形成」とは何か、ということも考えることができそうです。

本書に登場する女性自衛官

　ここで、本書でご紹介する発言をしてくださった女性自衛官20名のプロフィールをご紹介しましょう。インタビューは２０１９年に著者の上野が実施しました。

私たちは、女性自衛官の中でも、上級幹部とされる「佐官《さかん》」の女性に着目しました。また、子どもを持っているという条件も設定しました。女性のキャリア形成において、妊娠・出産・子育てというライフイベントは極めて大きな意味を持ち、これにより男性のキャリア形成との違いが明らかになるため、このライフイベントの経験者を選びました。

「佐官」という階級について説明をしておきましょう。まず自衛隊の入職経路は大きく二つに分かれます。一つ目が防衛大学校や一般大学等を卒業後に幹部候補生としてスタートするルート、二つ目が一般曹候補生又は自衛官候補生として、将来的に「曹《そう》」に昇任することを前提に「士《し》」からスタートするルートです。階級については第1章の**図表2**（29ページ）を参照してください。後者のルートからも幹部への道は開かれていますが、幹部候補生は「幹部候補生課程」を修了すると「３尉《い》」となり、幹部自衛官として実質的なキャリアがスタートするという特徴があります。現在、女性自衛官は自衛官全体の中の約７・９％ですが、佐官以上になるとその比率は約４・２％と低くなります。

初級幹部といわれる「尉官《いかん》」は、一つの隊の小・中隊長、艇長、班長等という立場としての指揮官や、部隊等での幕僚《ばくりょう》として、様々な経験を積んでいきます。上級幹部といわれる

「佐官」は、連隊長、艦長、飛行隊長等として、より大規模な部隊の指揮官や司令部等の幕僚という立場で、さらなる実務を積み重ねながら指揮・統率能力の向上を図っていきます。

対象者の年代（インタビュー当時）は、30代が6名、40代以上が14名です。また、パートナーも自衛官である割合は8割と高いです。全て「幹部候補生課程」を経て幹部になった女性自衛官です。

なお、この対象者の語りを紹介する上での限界もあります。つまり、インタビュー当時に現役の幹部自衛官として働いている人だけを対象としているため、退職した人の語りが分析できないという点で、一定のバイアスがかかった対象であるということです。就業を継続している人たちは様々な障壁を乗り越えてきており、結果として自分を取り巻く状況をポジティブにとらえる傾向にあります。本書を読んで、女性自衛官のポジティブな意見に懐疑的になる方がいるかもしれませんが、それは、対象者選定の影響があることは否定できません。それでも、インタビュー時に幹部自衛官として仕事を継続してきた女性がどのような想いで仕事をしてきたのか、ということを是非お伝えしたいと考えました。

女性自衛官

キャリア、自分らしさと任務遂行

目次

図版製作／まるはま
章扉・目次デザイン／熊谷智子

第1章

自衛隊、自衛官とは

自衛隊の組織の概要

まず、防衛省・自衛隊の組織を概観しましょう。防衛省・自衛隊は、「国家行政組織法」に基づき設置される、防衛大臣を長とする行政機関の一つです。その設置根拠となる「防衛省設置法」で、「防衛省は、我が国の平和と独立を守り、国の安全を保つことを目的とし、これがため、陸上自衛隊、海上自衛隊及び航空自衛隊を管理し、及び運営し、並びにこれに関する事務を行うことを任務とする」と規定しています。つまり、自衛隊は、日本の国防を担うための実動部隊を備えた組織です。

図表1は防衛省・自衛隊の組織図です。防衛大臣の下に、陸上・海上・航空の自衛隊が組織されており、それぞれが「幕僚長」を筆頭に、「幕僚監部」という防衛大臣のスタッフとして活動する特別の機関を東京都の市ヶ谷に置いています。「幕僚監部」は実動部隊ではなく、各自衛隊における隊務の運営等に関して防衛大臣を補佐する役割を担う幕僚組織で、「自衛官」と「事務官等（技官、教官を含む）」から構成されています。２００６年には、各自衛隊を統合的に運用する組織として統合幕僚監部が新設されています。

また、防衛政策の企画・立案等を担当する、主に事務官等が勤務している本省内部部局が

図表１ 防衛省·自衛隊の組織図

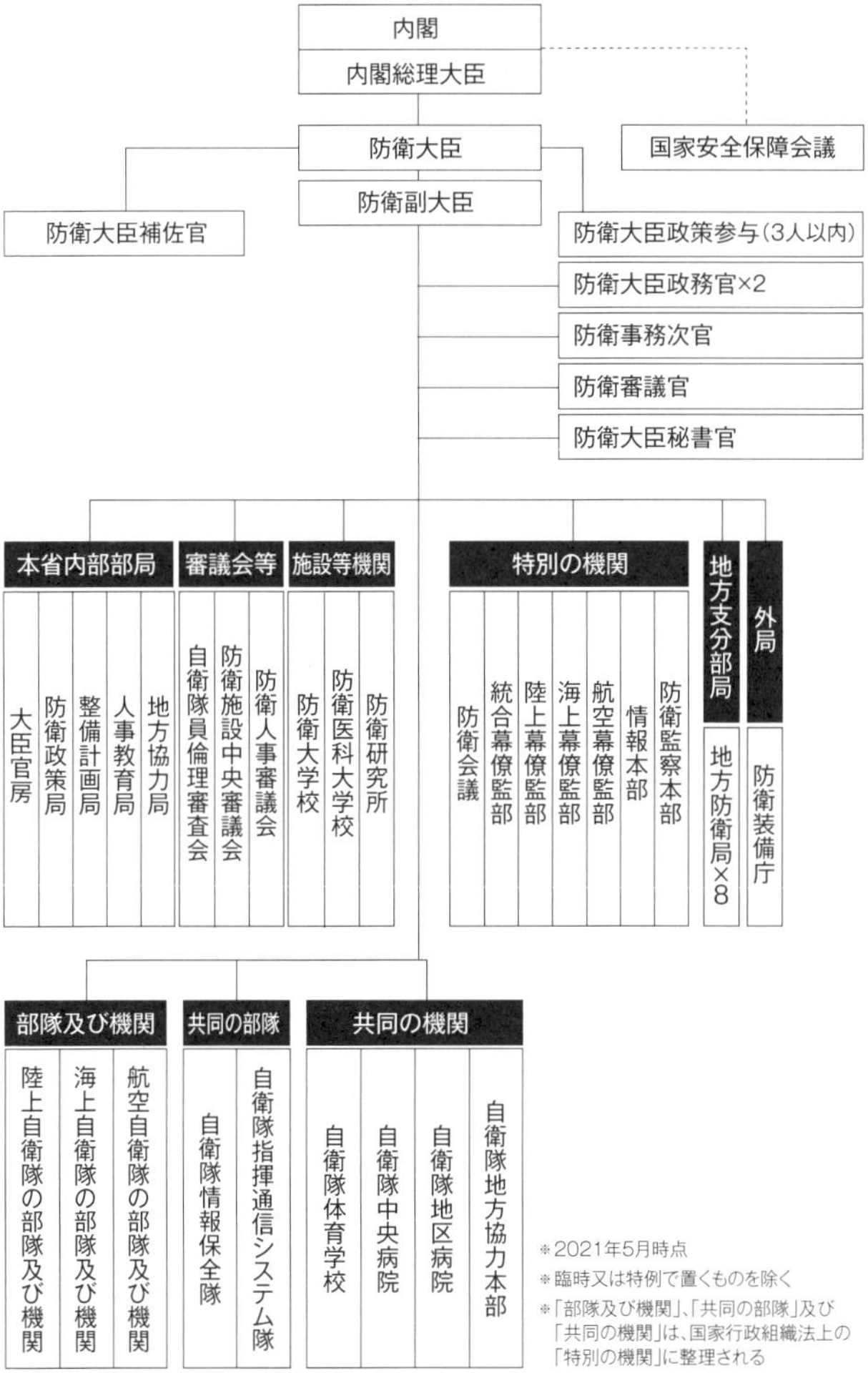

※2021年5月時点
※臨時又は特例で置くものを除く
※「部隊及び機関」、「共同の部隊」及び「共同の機関」は、国家行政組織法上の「特別の機関」に整理される

出所：防衛省『令和3年版 防衛白書』(2021)

あり、その他にも全国各地に、主に自衛官の募集・採用を担う自衛隊地方協力本部や自衛隊の病院等が組織化されています。
「幕僚監部」は、各自衛隊の隊務に関する最高の専門的助言者である陸・海・空幕僚長をトップとした、防衛大臣を補佐するいわゆる中央機関としての位置付けとなりますが、一般的に、自衛隊といえばいわゆる「部隊」がイメージされると思います。「部隊」は、全国各地の駐屯地等[5]に展開されています。

このように、防衛省・自衛隊は、我が国の防衛という任務を果たすために、陸・海・空自衛隊を中心に様々な組織で構成されています。一般に、「防衛省」という場合は、自衛隊の管理・運営などの行政組織の面をとらえるのに対して、「自衛隊」という場合は、我が国の防衛などを任務とする部隊行動を行う実力組織の面をとらえることが多いようです。

防衛省には、自衛官と事務官等がいます。自衛官は、自衛隊（部隊）で勤務している場合はもちろんですが、市ヶ谷の防衛省（幕僚監部等）に勤務している場合でも、勤務時間中は制服を着用していることから「制服組」と呼ばれることもあります。それに対して、事務官等の仕事は、霞ヶ関の国家公務員と同様に、政策の企画・立案や事務の遂行が中心となり、会社員と同じくスーツなどを着用していることから「背広組」と呼ばれることがあります。

なお、事務官等は、東京都の市ヶ谷に所在する本省内部部局や、防衛研究所、情報本部等の各機関だけでなく、全国に所在する部隊でも自衛官とともに勤務します。

本書は自衛官に焦点を当てておりますので、これ以降は基本的に自衛官の所属する組織を「自衛隊」と呼ぶことにします。

自衛隊の歴史

自衛隊の歴史について簡単に紹介します。自衛隊は、１９５０年の政令公布によって「警察予備隊」として創設されました。その目的は、当時の内外情勢により「わが国の平和と秩序を維持し、公共の福祉を保障するのに必要な限度内で、国家地方警察及び自治体警察の警察力を補う」ことで、「治安維持のための特別の必要がある場合において、内閣総理大臣の命を受け行動する」ことが任務でした。

１９５２年に、行政機構改革の一環として、海上保安庁の機関である海上警備隊と警察予備隊が統合し、その一体的な運営を図るために「保安庁」が設置され、これによって、陸の「保安隊」、海の「警備隊」が編成されます。その二年後の１９５４年には、自主独立の防衛態勢を確立するため、直接侵略に対し我が国を防衛することを任務とする実力部隊が設けられることとなり、内閣府（当時の総理府）の外局として「防衛庁」が発足しました。このときに、保安隊を「陸上自衛隊」、警備隊を「海上自衛隊」として、新たに「航空自衛隊」が創設されます。

当初は我が国に対する侵略に対応すべく発足した各自衛隊でしたが、現在に至るまでの約70年間、日本を取り巻く安全保障環境の変化とともに、自衛隊の任務は国内外での災害対応や国際平和のための活動というように、拡大・多様化してきました。また、防衛に関する重要法案が国会内で成立するなど、防衛庁の重点は自衛隊の「管理」から「政策の企画立案」へと移ってきたこともあり、その政策の企画立案機能と実行力を強化するため、２００７年に「防衛省」へ「格上げ」をして、現在の形となりました。

自衛隊は、日本において国防を担う唯一の軍事組織であって、日本の平和と安全を守るため、任務の遂行に際し必要な武器を保有し、我が国の存立を脅かす事態が発生した場合は、それらを使用して任務を遂行することになります。つまり、対外的な衝突の可能性を有する戦闘組織としての一面があります。

自衛隊の活動というと、災害派遣が思い浮かびます。地震や豪雨等の自然災害をはじめとした大規模災害時に、災害派遣活動として行われる人命救助や生活支援等は、私たちが自衛隊を身近に知ることができる任務です。また、海上における人命・財産の保護又は治安維持のための海上警備行動や、日本の領空に許可なく他国の航空機が侵入、またはその恐れがある航空機に対する対領空侵犯措置など、国際問題に関わる任務も重要です。

その他、国際連合を中心とした国際平和協力活動（PKO : Peace Keeping Operations）等も行っており、国内外で、国民の目に触れる／触れないにかかわらず様々な活動を行っています。近年は、国際的に宇宙・サイバー・電磁波という新たな領域における軍事技術の利用や発展によって、我が国を取り巻く安全保障環境が急速に変化しており、自衛隊の存在意義は時代とともに変化しています。

自衛隊の特徴

ここで、女性のキャリアに関連する自衛隊の特徴を、四つの点からまとめておきます。

まず第一に、本質的な特徴が戦闘組織ということです。自衛隊は武力を有することができる組織であって、国家の独立と平和を保障することが公的な使命です。それはつまり、戦う場面で活動する組織といえます。したがって、自衛官は武器を携行することができ、武器を使用した訓練も行われます。

二点目は、階級組織という特徴です。そもそも軍事組織というのは、高度に階層化された組織構造を持ち、階級に裏付けされたヒエラルキーと明確な指揮命令系統を有する典型的な官僚組織という特徴を持つものです[6]。日本で唯一、軍事組織としての役割を担う自衛隊についても、厳格に階級が決められており、上官の指揮命令により行動する実動部隊です。階級により指揮命令系統が明確になっていることで、服従関係を疑念なく確立でき、円滑な任務の遂行ができるとされています。

　自衛隊の階級は陸・海・空自衛隊において、それぞれ16階級が定められています（**図表2**）。最も下位の「2士」から始まり、最上位が「将《しょう》」となり、その中で、「3尉《い》」以上を「幹部」と呼びます。幹部自衛官は現在約４万３０００人で、うち女性が約２５００人です。幹部自衛官は、自衛官全体の2割弱となります。幹部以外は、主に部隊等で活動し、現場のスペシャリストとして活躍しますが、幹部は「リーダー」として部隊等を統率するという役割を担います。階級が高くなるにつれて、統率する部隊の規模が大きくなっていきます。

　このように自衛隊は、ピラミッド型の明確な階級が設けられてはいますが、国際情勢の変化や科学技術の急速な進歩に適切に対応できなければ使命を果たせないため、柔軟性や革新指向を要請されるという面も有しています。社会の変化に応じて全ての自衛官の力を集結さ

図表２　自衛官の階級及び現員数

		共通呼称	陸上自衛隊	海上自衛隊	航空自衛隊	現員数
幹部自衛官	将官	将	陸将	海将	空将	43,039人 **(2,532人)**
		将補	陸将補	海将補	空将補	
	佐官	1佐	1等陸佐	1等海佐	1等空佐	
		2佐	2等陸佐	2等海佐	2等空佐	
		3佐	3等陸佐	3等海佐	3等空佐	
	尉官	1尉	1等陸尉	1等海尉	1等空尉	
		2尉	2等陸尉	2等海尉	2等空尉	
		3尉	3等陸尉	3等海尉	3等空尉	
	准	准尉	准陸尉	准海尉	准空尉	4,712人 **(102人)**
	曹	曹長	陸曹長	海曹長	空曹長	139,809人 **(8,997人)**
		1曹	1等陸曹	1等海曹	1等空曹	
		2曹	2等陸曹	2等海曹	2等空曹	
		3曹	3等陸曹	3等海曹	3等空曹	
	士	士長	陸士長	海士長	空士長	44,949人 **(6,628人)**
		1士	1等陸士	1等海士	1等空士	
		2士	2等陸士	2等海士	2等空士	
		計				232,509人 **(18,259人)**

※（　）内は女性の人数で内数
※士には非任期制自衛官及び任期制自衛官のいずれも含まれる
※現員数は2021年3月31日現在

筆者作成

せることで、自衛隊の活動は成り立っています。

なお、給与は、自衛官も国家公務員と同じように、「階級」と勤務年数や功績による「号俸」の組み合わせによって、基本給が決まります。具体的には、「防衛省の職員の給与等に関する法律」に定められています。将・将補であれば月当たり約51～１１８万円、佐官が約32～55万円、尉官が約25～45万円というようになっています。基本給に加えて、例えば戦闘機等のパイロットとしての勤務については「航空手当」が、護衛艦等の乗組員となると「乗組手当」などの手当が別途支給されます。

三点目は、即応態勢組織という点です。国家存立の危機や災害等がいつ発生するか予測することは難しく、また、発生した場合は、迅速な対処が必要になるので、国防を担う自衛隊は、突発的な事案にいつでも対応できる態勢を整えています。

自衛官の１日の勤務時間を「日課」といい、原則的に、月曜日から金曜日まで１日につき７時間45分の勤務時間が割り振られ、１週間当たり２日の休養日が設けられています。通常は一般的な公務員と同じ勤務時間ですが、自衛隊の任務の特殊性から、「自衛官は、勤務時間外においても、行動、訓練若しくは演習のため、又はその他勤務の必要により、勤務することを命ぜられた場合には、何時《いつ》でも職務に従事するものとする」と訓令で定められており、命令があればいつでも職務に従事することになるのです。

そして四点目は、自己完結型組織であるということです。軍事組織は、防衛という任務上、本質的に保守的であり、プロフェッショナル化を指向するほど、一般社会から隔離されたものとなりやすく、独自の伝統や行動様式が尊重されるとされます[7]。自衛隊も同様に、組織内で一連の事項を完結させる組織といえるでしょう。

本書を読み進めていただくと、これら四つの特徴が女性自衛官の発言の背景にあることを理解いただけると思います。

自衛官、幹部自衛官とは何か

自衛官の身分は特別職の国家公務員です。国家公務員は現在約60万人いますが、自衛官は約23万人にのぼり、国家公務員の４割弱を占めています。また、防衛省の事務官等は約２万１０００人です。約１万７０００人の女性自衛官がどのようなポジションで働いているのかを**図表3**に示しました。

実動部隊という観点から、自衛官が公務員であることを忘れそうになりますが、勤務に関わる制度は基本的に国家公務員と同じ制度が適用されます。国家公務員は、新しく職員とな

図表3 女性自衛官の現員数（2020年3月31日現在）　　単位：人

	幹部	准・曹	士	計
陸上自衛官	1,636 (592)	5,239 (5,142)	3,228 (3,128)	10,103 (8,862)
海上自衛官	431 (370)	1,766 (1,757)	1,058 (1,039)	3,255 (3,166)
航空自衛官	360 (319)	1,720 (1,710)	1,425 (1,403)	3,505 (3,432)
計	2,427 (1,281)	8,725 (8,609)	5,711 (5,570)	16,863 (15,460)

※（　）は、医官、歯科医官、看護を除いた一般自衛官の数

出所：朝雲新聞社（2021）『防衛ハンドブック2021（令和3年版）』

った際に公務員としての服務義務が課せられていることをきちんと自覚するため、「服務の宣誓」をすることが法律で定められています。それは、防衛省・自衛隊でも同様で、入省・入隊前に、次の宣誓をします。

「私は、我が国の平和と独立を守る自衛隊の使命を自覚し、日本国憲法及び法令を遵守し、一致団結、厳正な規律を保持し、常に徳操を養い、人格を尊重し、心身を鍛え、技能を磨き、政治的活動に関与せず、強い責任感をもつて専心職務の遂行に当たり、事に臨んでは危険を顧みず、

身をもって責務の完遂に務め、もって国民の負託にこたえることを誓います」

自衛官は、この宣誓により自身の立場を明確に意識化します。各々の自衛官がこの宣誓を胎《はら》に落とし込んで仕事をしていることが、今回のインタビューの発言から感じ取ることができます。自衛官としてあるべき姿を見据え、国民の負託に応えるため、身の危険を厭わず、強い使命感と責任感を持って職務を遂行する上で、この宣誓が重要な意味を持っています。

本書では、女性幹部自衛官に焦点を絞っています。幹部自衛官は、幹部になった際に、「私は、幹部自衛官に任命されたことを光栄とし、重責を自覚し、幹部自衛官たるの徳操のかん養と技能の修練に努め、率先垂範職務の遂行にあたり、もって部隊団結の核心となることを誓います」という宣誓を、改めて行うこととなっています。

軍事組織における幹部の責任は、局面によっては国家、国民の安全と部下の生命に直結するという点で、民間企業におけるそれとは異質なものがあるといえるでしょう。例えば、突然「戦闘」という状況に直面したときに、すぐにリーダーシップの発揮が求められます。幹部自衛官は、いつ何が起こるかわからないという前提で、普段から部下からの信頼を得ること、極限状況を想定したリーダーシップを身につけること、などが極めて重要なのです。指揮官となる幹部自衛官のリーダーシップの発揮は、部隊行動の適時性や的確性にも直結するものであって、その組織を、良くも悪くも、強くも弱くも変えるものなので、幹部自衛官の中でもとりわけ指揮官の存在意義は大きなものがあります。

自衛官になるには

自衛官の入口は、大きく二つに分かれます。一つは、主に陸・海・空自衛隊の部隊の現場のスペシャリストである「士」として活躍し「曹」を目指すコース、もう一つは、リーダーとして組織を率いる「幹部」を目指すコースです。入口が異なっても、試験や選考によって誰にでも幹部自衛官となる道は開けています。

まず「士」として自衛官のキャリアをスタートするコースを紹介しましょう。**図表4**左側の、陸上自衛隊高等工科学校生徒、自衛官候補生、一般曹候補生がこれに当たります。例えば陸上自衛隊高等工科学校では、将来、陸上自衛官として、高機能化・システム化された装備品を駆使・運用できるような人員を養成するために、17歳未満の中学校卒業予定者等の男性を対象に、例年約３００人程度が採用されています。

自衛官候補生と一般曹候補生は、18歳以上33歳未満で、高校新卒者はもちろん大学卒業者

図表4　自衛官の任用制度の概要

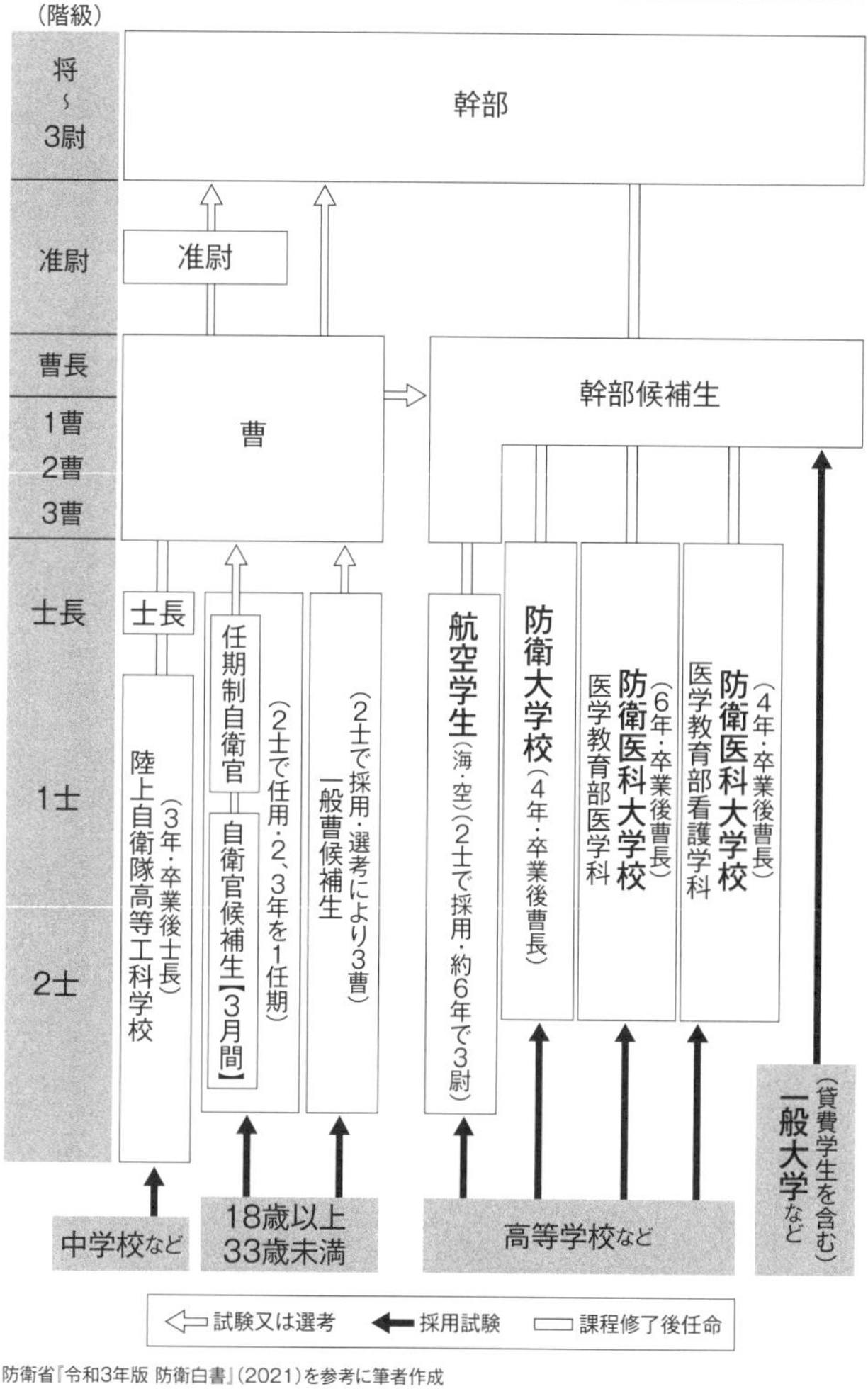

防衛省『令和3年版 防衛白書』（2021）を参考に筆者作成

や社会人経験者など広く門戸が開かれているルートです。両者の違いは任期があるかないかという点で、自衛官候補生は、約2～3年を任期として更新する形になります。一方、一般曹候補生は非任期制であるため、基本的には生涯自衛官としてのキャリア形成が前提であって、自らの職種を極めていくことが期待されます。

もう一つの「幹部」を目指すコースは、防衛大学校や一般大学等を卒業して入職します。

ここで、自衛官になる道として特徴的ともいえる、防衛大学校について簡単に紹介します。神奈川県横須賀《よこすか》市に所在する防衛大学校は、将来の幹部自衛官候補者を育成する日本で唯一の大学教育機関です。その中で、4年の履修期間を経て卒業し、独立行政法人大学改革支援・学位授与機構の審査に合格することによって、他の一般大学と同様に学士の学位が授与されることになります。

教育科目は大学設置基準に準拠し、教養教育、外国語、体育、専門基礎等の科目がありますが、一般的な大学と異なる点として、防衛学（防衛に関する学術分野）という独自の教育が行われていることがあげられます。被服や食事等は貸与又は支給され、毎月学生手当及び年2回期末手当が支給されるという点も特徴といえます。

学生は、学生舎で生活することが義務づけられているいわゆる全寮制で、決められた日課に従って集団生活を送っています。防衛大学校の学生の日課（基準）は、6時起床、朝食、8時の朝礼、8時10分に国旗掲揚の後、課業行進にて教場へ向かい授業を受けます。昼食後、午後の授業を終え、校友会活動（いわゆるクラブ活動）、17時15分に国旗降下の後、夕食、1日2時間の自習時間が定められ、22時30分消灯・就寝となります。

防衛大学校では、座学以外に訓練があります。幹部自衛官としての職責を理解し、これに適応するための資質及び技術を育成するという方針の下、4年間で約１０００時間の訓練が行われています。訓練は、自衛官として必要な基本事項について練成するもので、週1回、2〜4時間程度の課程訓練と、一定期間集中して自衛隊演習場等で行う定期訓練の二種類があります。訓練には、自衛官として基礎となる所作の修得や体力増進のみならず、気力・団結力を高めるという意図もあります。

1学年時は、陸・海・空自衛隊のいずれの要員になるかは決まっておらず、2学年以降に陸・海・空に分かれ、専門的な分野を深化させていく仕組みになっています。全員が希望どおりの自衛隊の要員になれるとは限りませんが、いずれにしても、将来的に、幹部自衛官として活躍するための必要な知識及び技術を徹底的に叩き込まれる学生時代となります。

防衛大学校を卒業、又は一般大学等を卒業し幹部候補生試験に合格すると、幹部候補生課程（約1年）に入校し、課程修了後に3尉に任官されて、幹部自衛官として部隊で勤務することになります。本書で紹介する女性自衛官は「幹部候補生課程」を経て幹部になった女性自衛官です。次の項目で、幹部自衛官のキャリア形成について説明します。

幹部自衛官の育成課程とキャリア形成

幹部自衛官の育成課程を図表5に示しました。まず、幹部候補生として自衛官になると、陸・海・空自衛隊の各幹部候補生学校の教育課程で、最初の技能形成が行われます。幹部候補生課程を卒業すると、3尉として幹部自衛官に任官され、自身の職種・職域に応じた任務に就くために全国の部隊で勤務することになります。

部隊は、それぞれの任務に応じ、様々な職種・職域によって構成されています。職種等の詳細は第4章で説明しますが、例えば、陸上自衛隊においては、地上戦闘の骨幹部隊として機動力を有する「普通科」、戦車等により敵を撃破するとともに迅速に機動する「機甲科」等の16の職種があります。海上自衛隊においては、艦艇における航海業務を行う「航海」、護衛艦等でミサイル等を操作し攻撃を行う「射撃」等の約50の職域があります。航空自衛隊においては、航空機を運用し、防空をはじめとする各種航空作戦等の任務を遂行する「操

図表5　幹部自衛官の教育課程

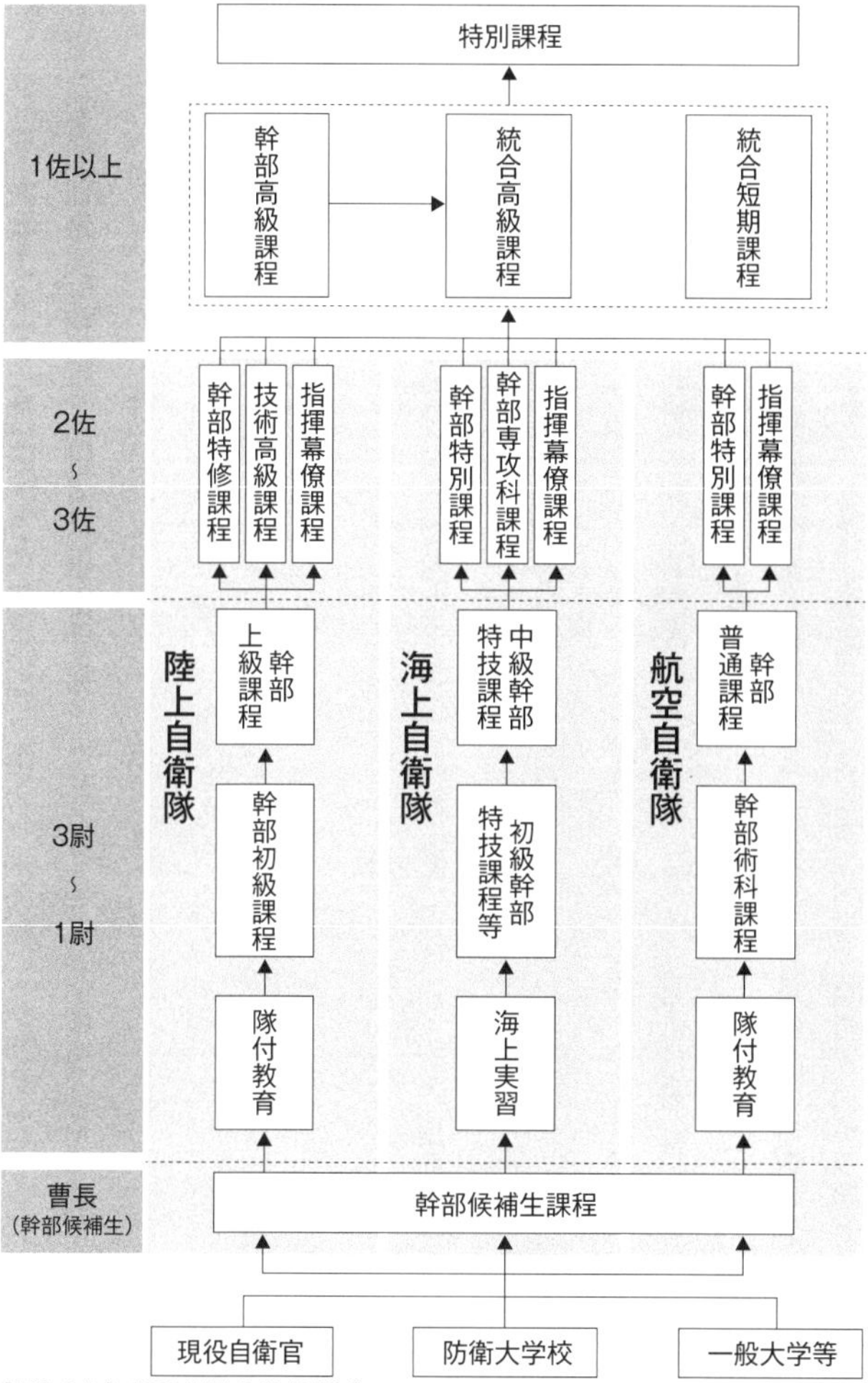

『防衛ハンドブック2021』等を参考に筆者作成

縦」、離着陸する航空機等を誘導する「航空管制」等の約30の職域があります。

初級・中級幹部といわれる「尉官」のときに、自身の職種・職域に応じた課程に入校し、専門的な知識及び技術を修得し、幹部としての資質を向上させます。「佐官」以上は、基本的には選抜・選考によって、各自衛隊における幹部学校等で教育を受けることになります。

さらに、上級の部隊指揮官又は幕僚としての職務を遂行するために必要な知識及び技能を修得させるための「指揮幕僚課程」（約1年）があり、その後さらに選抜された者が、「幹部高級課程」、「統合高級課程」へと進みます。そこでは、上級の指揮官及び幕僚として必要な知識及び技能を修得し、自衛隊の高級幹部として、統合運用を含め、その指揮・管理能力により組織を統率していく自衛官になるための教育を受けます。

こうした、時間もコストもかけた一連の育成制度の存在により、自衛隊という組織は、外部から中途で即戦力となる人材を獲得することが難しい組織ということができます。幹部自衛官は、おおむね2〜3年毎に転居の有無を問わず異動があることも特徴といえます。毎年1回、自身の異動やキャリアについての希望調査が行われており、何年後にどこの部隊で勤務したいかといった将来の希望、業務を遂行する上で配慮してもらいたい事項等を記入し、所属の人事担当者へ提出します。女性自衛官については、配偶者の約8割が自衛官であり、互いの勤務地に配慮した人事異動が行われる場合もありますが、全国に勤務地が展開されており[8]、自身の職種・職域と階級に見合ったポストには限りがあるため、夫婦のいずれかが単身赴任をしているケースも少なくありません。

上位の階級への「昇任」は、人事評価などに基づいています。人事評価は、基本的に一般職の国家公務員と同じように、能力と業績によって行われますが、自衛官の任務の特殊性を考慮した評価項目もあります。例えば、「１佐」の能力評価には、「倫理感・責任感、協調性、規律、実行力、判断力、知識・技能、統率・指導力、企画力、表現力」の９項目があり、５段階で評価されます。

自衛隊の中の女性

自衛隊に女性が増えることをどのように評価するのか、という点に関しては、プロローグでも述べたように懐疑的な意見もあります。繰り返しになりますが、ここではその是非を議論するのではなく、女性がキャリアを形成する組織としての「自衛隊」という観点から、自衛隊の現状や課題に迫ることにします。

女性自衛官の人数は、２０２１年３月末現在、１万８２５９人で、全自衛官に占める女性の割合は約7・9％です。**図表6**に示すとおり、その数は年々増加傾向にあります。しかし、3佐以上に占める女性自衛官の割合は約4・2％（２０２１年3月末時点）で、階級が上がると女性比率はさらに低くなります。ただし、職場に女性が増えていることを実感している声も多いので、この先も女性自衛官の増加が見込まれます。

　自衛隊で女性が増加している背景には、女性の社会進出の影響のみならず、防衛省・自衛隊の女性の活躍に関する施策の推進があります。２０１５年に「防衛省における女性職員活躍とワークライフバランス推進のための取組計画」を策定し、①働き方改革、②育児・介護等と両立して活躍できるための改革、③女性職員の活躍推進のための改革、の三つの改革を掲げました。２０２１年3月に同計画が改訂され、①ワークライフバランス推進のための働き方改革、②女性の活躍推進のための改革、の二つの改革について、引き続き取り組みの強化、拡充を進めることとしています。

　女性自衛官の活躍推進に関しては、２０３０年度までに全自衛官に占める女性の割合を12％以上とすることを目標に、積極的な採用を図ることとされています。２０２１年度以降の毎年度の採用者に占める女性の割合を17％以上とすることを目標に掲げ、２０２０年度に17・7％と目標を達成しました。また、佐官以上の幹部自衛官に占める女性の割合を、２０

図表6 女性自衛官の在職者推移

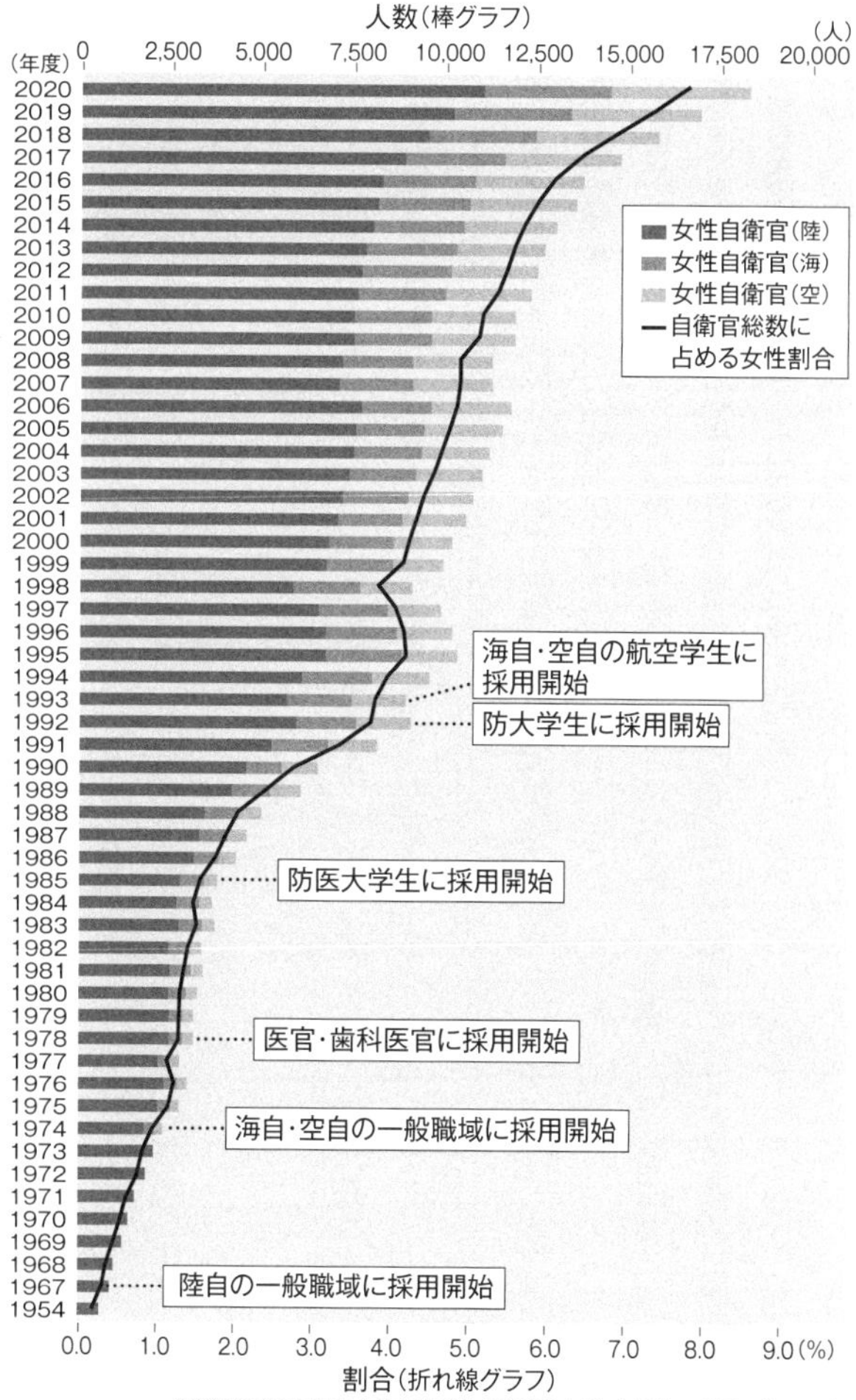

※2021年3月末現在女性自衛官は18,259名（全自衛官の現員の約7.9%）

出所：防衛省『令和3年版 防衛白書』（2021）

25年度末までに5％以上とするという目標も掲げています。その他にも、男性自衛官のみが配置されてきた業務などの固定化を解消すること、将来的に佐官以上を期待する幹部候補者について、早い時期に部隊勤務の指揮官職又は指揮官補佐職へ就けることを重視して経験を積ませて育成を図ることなど、女性の活躍の場を拡大する施策が実施されています。

自衛隊のワーク・ライフ・バランス制度

本書で紹介する女性自衛官は全て出産経験者です。子育てをしながら就業継続するために欠かせないのが、仕事と育児の両立支援制度です。同制度を含めて、ワーク・ライフ・バランスに関連する制度・施策の概要を紹介します。

自衛隊の両立支援制度は、基本的に一般職の国家公務員に準じた内容です。出産時には、産前6週間、産後8週間の「特別休暇」があります。また、「育児休業」については、男女問わず子どもが3歳になるまで取得が可能です。隊務の運営に支障がない範囲で、子が小学校就学始期に達するまでの間、1日2時間の範囲内で子の保育園送迎などのために勤務しないことができる「育児時間」も利用できます。

その他に、育児以外の理由でも利用可能な、勤務時間を柔軟に変更できる「フレックスタイム制」、勤務開始時刻と終業時刻を早めたり遅らせたりできる「早出遅出勤務」といった制度があります。妻の産前・産後期間中に男性にのみ認められる休暇として「配偶者出産特別休暇」や「育児参加のための特別休暇」もあります。

２００７年以降、全国の駐屯地等に８つの託児施設が設置されました。また、災害派遣の対応など突発的な状況で登庁をする必要がある場合は、勤務先の部隊に一時的に子どもを預けることができる「緊急登庁支援」[9]の仕組みもあります。

制度の利用状況（２０２０年度）をみておくと、育児休業に関して女性（自衛官及び事務官等）はほぼ全員が取得していますが、男性（自衛官及び事務官等）は８・６％にとどまります。なお、男性が「配偶者出産特別休暇」や「育児参加のための特別休暇」を合わせて５日以上取得した割合は83・０％となっています。

年次休暇は、自衛官と事務官等では異なる仕組みとなっています。付与日数が年間最大20日というのは同じですが、使用しない分の繰り越し日数に関して、事務官等の最大20日に対して、自衛官は最大30日と多くなっています。また、自衛官特有の制度としては、１カ月のうちに15日以上勤務すると年次休暇が２日付与される仕組みがあり、年間で最大54日間の休暇を取得することができます。自衛官の方がより多くの年次休暇の日数が付与され得るというのが特徴です。

さらに、新型コロナウイルス感染症を契機に国全体として推進されているテレワークは、２０２０年度には全ての機関において実施できることとなりました。もちろん自衛隊の任務の全てをテレワークにすることはできないので、できるところから実施されています。また、育児や介護等をしながら活躍できる職場環境づくりのため、各制度の利用促進、育児休業等を取得する職員の代替要員の確保なども実施されています。

近年注目度の高い男性の家庭参画に関しては、２０２０年度から、子どもが生まれた全ての男性が１カ月以上を目途に、育児に伴う休暇・休業を取得できるようにすることを目指し、２０２５年度までに育児休業取得率を30％とする目標を掲げました。また、男性のみに認められている特別休暇の取得率１００％という目標も設定されています。

第2章

なぜ自衛官の道を選んだのか

彼女たちはなぜ、自衛官という道を志したのでしょうか。

自衛隊というのは、男性的なイメージが極めて強い組織です。体力がないとついていけない、厳しい訓練に耐えなければならない、時には生命の危険と隣り合わせの任務もあるかもしれない。さらに、集団の中で協調性や忍耐力が求められる、厳格な上司―部下関係の下で職務を遂行する。このように、民間企業とは異なる職場の構造や働く環境にあると考えます。女性が自衛隊で働くことを選択する際には、相当な覚悟や強い想いがあったことが予想されます。

幹部自衛官への道

本書に登場する女性たちの中には、防衛大学校の卒業生もいますし、一般大学等から将来自衛官になることを見据えて「就職」をした人もいます。第1章で説明したように、彼女たちは最初に「幹部候補生課程」に入り、幹部自衛官になるために必要な教育を受けた後に任官となります。

防衛大学校の募集人数は約４８０名で、うち女性の入学者は15％程度です（２０２２年度）。また、一般大学等を卒業後、幹部候補生として採用された人は、陸・海・空自衛隊の合計で約３５０名[10]で、こちらも女性の採用者数が約15％です（２０１９年度）。
　幹部候補生課程の教育カリキュラムや期間は、陸・海・空自衛隊でそれぞれ異なりますが、約一年間の課程の中で、日々の体力練成や訓練はもちろんのこと、戦史や安全保障等の教養を身につけ、指揮及び作戦・戦術等を学び、自衛官として必要な知識及び技能を修得します。卒業後は部隊に配属され、実践を通じてさらなるスキルの向上に努めることになります。

防衛大学校への入学

　防衛大学校を卒業しても自衛官にならない選択はあり得ますが、基本的には防衛大学校への進学を決める時点で、自衛官としてのキャリアをイメージしているはずです。彼女たちは、防衛大学校で学ぶことを選択した際に、その先にある自衛官としての自身のキャリアをどのように見据えていたのでしょうか。

「防大《ぼうだい》[11]には国際関係学科があるんですよね。なんとなく、高校の終わりくらいから、外交官とか国際関係の仕事に就きたいなという想いがあったので、国際関係学科のある大学への進学について調べたら防大がありました。防大は入学試験の時期が他の大学と比べて早く、受験をしたら合格したので、行ってみようと思ったのです。その当時、あまり自衛隊を意識していなくて、特殊な学校みたいだけど、嫌になったら辞めて、他の大学に行けばいいと親も自分もそう思っていて、いざ行ってみたらなんとか4年間の学生生活をやりきれたので、そのまま自衛官として進んで行こうと思いました。当初から、自衛隊に対してこだわりがあったというわけではなかったですね」

この女性は、高校卒業時の大学選択の一つとして防衛大学校があった、ということです。防衛大学校への進学をきっかけに、大学生活の中で自衛官としての職業意識が明確になっていきます。実は、防衛大学校へ入学したきっかけについては、「たまたま……」という語りが多く聴かれます。防衛大学校に入学する動機として、必ずしも自衛官になることに強い想いがあったわけではなく、きっかけは偶然だったというケースは少なくありません。

「私は、防大の受験と国立大受験のためにセンター試験も受験しました。防大の合格通知をもらって、で、どうするってなったとき、父親が『人生は面白い方を選んだ方がいい。人が選ばない方に行った方がいい、周りに合わせなくてもいいんだよ』と背中を押してくれました。母親は、防大への進学を反対していましたが、父親には楽しい方、ワクワクする方を選びなさいと言われたのを覚えています」

この「周りと違って面白そう」というのが多くの人に共通する語りです。「新しいことにチャレンジするのが好きだったっていうのはあるかな」というように、防衛大学校に対する好奇心、新奇なものへのチャレンジ精神が共通項といえます。

女性が少ない分野にチャレンジしようとするとき、「ロールモデルがいない」ということがネガティブに語られがちです。確かに、先輩の拓いた道があることで安心感を持つ人は多いでしょう。一方で、他の人がやらないことでも一歩足を踏み入れて人生を楽しもうとする姿勢が、防衛大学校を志す一つの要因といえそうです。女性が極端に少ない分野を選択するときに「ロールモデル」を探そうとしても所詮無理な話ですから、そのようなことにとらわれないパイオニア精神が彼女たちのキャリアのスタートです。

身近にいた自衛官

とはいえ、自衛官という仕事への関心が０《ゼロ》の状態から、自衛官になろうという選択は考えにくいでしょう。自衛官を志すきっかけとして、「身近」というキーワードがあげられます。自衛官という職業を選んだきっかけに、親族などの自衛官を身近に見ていたので、自衛隊という組織を身近に感じ、自衛隊や自衛官に対してポジティブな見方が形成されているケースが複数あります。

「小学生ぐらいのときに自衛官になろうと思ったのは、自衛官だった父に憧れたというのがあります。戦車乗りに憧れたというのが第一歩で、防大に入学しました」

「兄が防大に入って、休みのたびに同期を大勢実家に連れてきて、観光をしたり、うちでどんちゃん騒ぎをしているのを見て、同期とのつながりに憧れて、防大ってすごい楽しそうだと思いました。その先に自衛隊があるっていうのはもちろん認識した上で、私も防大という世界に飛び込みました」

一般的に女性は、身近にいる母親にキャリアモデルを見出す傾向があります。しかし、自衛隊が女性自衛官を受け入れたのは、陸上自衛隊での１９６７年が最初になります[12]ので、母親が自衛官というケースはほぼないため、父親や男兄弟が自身の将来を投影する対象となってきます。身近な男性に将来の自身のモデルを見出す、という点が女性自衛官の特徴の一つのようです。そのため、「女性」自衛官を特別なものと受け止めてはいません。

「自立」への強い意識

そもそもなぜ働くのか、という働く理由を尋ねると、「自立」という言葉が多く出てきます。女性が自分の生活に必要な収入は自分で稼ぐ、と考えるのは最近では普通のことになってきていますが、本書に登場する女性たちが仕事を選んだ頃には、女性が経済的に自立するということを意識化していたという時代背景がありそうです。そもそも「自立」が当たり前の男性から、わざわざ「自立」という言葉が出てくることはほとんどありません。女性自衛官は、「自立」を強く意識した仕事選びをする中で、男性が多い職場が視野に入ってくるのは自然な流れだったのかもしれません。自立を後押しした家族の言葉も、彼女たちの心に響いていました。

「うちは共働きで、一人でも生活ができるぐらいの仕事を持ってほしい、ということは母から言われていました」

「父は会社員でしたが、女性が普通に男性と一緒にやっていくに当たって、何か資格を持つことが大事だと言っていました。手に職を持って働きなさいということと、いつか女性の時代がくるからそのときに何もやらないということがないようにしっかりと準備をしておくのがいいということを言われていました」

女性も働いて「自立」するのは当たり前という考え方が、女性自衛官のキャリア選択の前提となっています。

自分らしく働きたい

周りに流されずに自分が興味を持つキャリアを主体的に選ぶ、これは最近注目されている「キャリア自律」の基本です。周囲に流されずにやりたいことを選択し、その選択に責任を持つ、自分で選んだからこそどんな結果も受け入れられる、といえるでしょう。

女性自衛官のパイオニアともいえる彼女たちは、「祖父母は昔の軍隊のイメージがあって反対でした。祖母は特に、『あなた行かない方がいい』とずっと言っていました」、「母は就活の最後にポロっと『他のところ（就職先）蹴っちゃったんだ』と言っていました」というように、時には周囲から反対されることも少なくありません。そのような身近な人たちの慎重な意見があったにもかかわらず、周囲に流されずに、最終的には自分の意志で自衛官という仕事を選択しています。このときの覚悟が、その後の任務を遂行する上で、困難を乗り越える原動力になっていきます。

　主体性を持って自衛官の仕事を選んだ理由は、それが自分にとって価値があるから、自分らしく生きられるから、という想いがあったからだと考えられます。それでは自衛官の仕事のどのような側面に魅力を感じたのでしょうか。

　戦争の歴史に興味があった、という自衛官らしい意見がありました。

「私は、歴史の中でも戦史が好きでした。戦史では、日本海軍というのが花形で、かっこよく書かれていていいなと思っていました。防大も女性を受け入れているし、幹部候補生課程も女性に開放されていました。海上自衛隊の幹部候補生学校は元々は旧海軍兵学校だったので、そこに入ってみたいというのが、純粋に自衛官になりたいと思ったきっかけです」

海外派遣などを目にすることが増えた自衛隊の活動を反映して、国際性を自衛官の魅力ととらえている意見も複数ありました。

「私は、国際貢献をしたいという希望があって、事が起きている第三国に行って、いろいろと見てきたいという想いがありました。個人で行こうが、ＮＰＯに所属していようが、自衛隊の隊員として入国しようが、おそらく、危険でないことはないと思うんですよ。そうであるならば、組織に入って、しっかりと国にオーソライズされた形であればちゃんとした活動もできると考えました」

歴史（戦史）に興味があったり、国際的な仕事に関心があったり、その軸は様々ではありますが、自分の関心の延長に自衛官の仕事があった、ということがいえそうです。これはおそらく、男性自衛官、また自衛官以外の職業とも共通するでしょう。関心の対象とその実現のために選んだのが「自衛官」であったというところが、少しだけ特別だったのかもしれません。

「支援」を通じた社会貢献への強い意欲

　本書では、女性自衛官のキャリア意識を支える大きな要素の一つに、社会貢献への強い想いがあることを繰り返し述べることになります。特に、国や国民の危機という切迫した状況で活動する自衛隊の社会的な意義というのは、可視化しやすく実感しやすいので、就職動機もこの社会貢献意識に支えられていました。

「たくさんある仕事の中から自分ができることってなんだろう、と考えて自衛官の仕事を選びました。自衛隊で何がしたいというよりも、何か役に立つ仕事がしたいと思って自衛隊に入ったので、その中の何になろうとかそこまでこだわりはなかったですね。私が就職活動をした時期は、売り手市場でいくらでも内定がもらえるような状況でしたから、いろいろな仕事が選べたのですが、その中で、役に立つ仕事として『自衛隊』と思ったんです。心の中では、もしかしたら自衛官だった父親が喜んでくれるのではないかなと、ずっと思ってもいました」

自衛隊の活動範囲は年々、拡大しています。近年、増えてきた地震や台風による風水害などの自然災害発生時における人命救助、最近では、新型コロナウイルス感染症における医療支援など、自衛隊の活動は多くの国民の目に触れるようになり、自衛隊を身近に感じる機会が増えてきました。このように自衛隊が「国や社会を守る組織」であることについては、職業選択にあたっても鮮明に印象づけられた経験として語られ、自衛隊での活動を目の当たりにして、社会貢献を担いたいという想いを強くして自衛官の道に進むケースがありました。

「阪神淡路大震災などの災害で、自衛隊の活動を見ていました。防大はそのまま自衛官を養成する学校なので、防大を出て自衛官という仕事に就くことに決めて、親とも話をして進学することにしました」

「私が中学高校ぐらいのときに、高校の近くの山が噴火したんです。今はあちこちで災害が多くなっていますが、自衛隊が行う大規模な災害派遣の最初が1991年のこの噴火だったと聞いたことがあります。この噴火のときに、陸上自衛隊や航空自衛隊が私たち住民を支援して下さっていて、噴火が落ち着いてからもずっと駐屯して私たちを守ってくれていたんです。ああすごいな、と思って、いつかは私も社会に恩返しをしたいという気持ちが芽生えたのです」

社会貢献の形は多様であって、全ての仕事は何かの役に立つことは当然ですが、災害時という極めて深刻な場面で人命救助や生活支援を行う自衛隊の仕事に強い意義を感じたことが、志望の契機となっています。災害時の自衛隊の活動を報道で見たり、直接自分が支援を受けたりすることで、自分も自衛官になって社会に恩返しをしたいという想いを抱いています。

「もちろん民間企業でも、仕事って何をとっても社会に役に立つものだと思うのですけど、最近は、自衛隊といったら『災害派遣』という印象が強くなったと思います。以前は、災害派遣に出ている印象は今のようにはなかったのですけど、たまたま私が高校時代に山登りをしていて、山の上で具合が悪くなった人を自衛隊がピックアップして連れていったっていうのを見たのがとても印象的でした。こんなところまで助けに来てくれるんだっていう印象もあったので、（自衛官だった）父の影響もあったかもしれませんが、その様子を見たときに、自衛隊って社会に役に立つ仕事なのかなと考えました」

たまたま進んだ道だけど

ただし、女性自衛官が全て、社会貢献への強い意志、あるいは相当な覚悟を持って自衛官の仕事を選んでいるのかといえば、必ずしもそうとは限りません。

「このまま就職浪人して親に迷惑かけたくない、と思っていたところに、自衛官募集のはがきがたまたま学校の中に置いてあったので、送ってそのまま入隊しました」という発言もありました。また、別の女性は、「自衛隊はよく知らなかったけど、楽しそうだから受けてみようかなっていうような流れで」自衛官になったと語っています。小さな偶然で仕事を選ぶ、というのもごく普通の就職動機ではないでしょうか。

もちろん、自衛官という仕事は社会性が極めて高い仕事である反面、いざという時は身の危険と隣り合わせでもあります。それに関しては、「有事については特に気にはしなかったです。何か事が起こったら、『それはその時か』という感じでした」、「入隊当時は、確かに自分の身に危険が降りかかることがあるかもしれないけど、人と違う仕事もやってみたいなと思っていた気がします」という現実を受け入れる覚悟や好奇心が見受けられます。

一方で、「私自身もそこまでできるかなという不安は、やっぱりありはしました」と、一生の仕事として全うできるのか、と不安が頭をよぎったという発言もあり、親からも同じように意見された人もいます。

「父は自衛隊に行くことをすごく喜んでいたのですが、母は心配していました。本当に大丈夫なの？　と何度も念押しされ、反対はなかったけど心配はしていました。最後は、好きにすればいい、あなたが希望する道に進めばいい、と言ってくれました」

自衛官という仕事との出会いは小さな偶然だったかもしれませんが、自衛官になると決めるまでには迷いや悩みがなかったわけではありません。それを乗り越えて職業選択を行ったことで、自分の仕事に明確なアイデンティティを持てるようになるのだと思います。この点は次章で触れていきます。

「男性職場」は気にならない

自分が自衛官になることについての親族の不安を耳にしながら、圧倒的な男性社会へ飛び込むことを、当の本人たちはどのようにとらえていたのでしょうか。話を聴かせていただいた女性自衛官が就職した当時は、女性が本当に少ない時代でした。

「男性社会へ入ることに抵抗は特になかったです。でも、当時の一般幹部候補生の採用枠が、確か男性が１２０人くらいで、女性が５人ほどだったんですよ。それは、いくら母性保護といってもアンバランスすぎないか、という疑問はありました」

このように、採用当時を振り返って女性の少なさへの疑問が語られます。自衛官に占める女性の割合は右肩上がりとなっていますが、自衛官全体の女性比率は現状でも１割に満たないのです。一般大学等を卒業して幹部候補生課程へと進む幹部候補生を例にあげると、その採用予定者数に占める女性の割合は、陸上自衛隊及び海上自衛隊で約１～２割程度、航空自衛隊については性別の枠を設けていませんが、それでも女性の採用者数は男性に比べてまだまだ少数なのです。

ただし、この男性中心の職場に飛び込むことについて、女性自衛官はそれほど意識をしていないようです。基本的にどの組織に就職しても男社会だからどこも変わらない、女性が少ないことを「そういうもの」、と現実を受け入れて前に進んでいます。自衛隊という「男性社会」の特徴が色濃い職場で働くことに抵抗感を持つ女性自衛官は、案外少ないようです。

また、女性が極端に少ないことについては「全く知らなかったので気にならなかった」、

「全然意識していなかった」というように、女性の少なさは仕事を選ぶ上で重要な基準ではないという意見も多く聴かれました。

「一人の人として仕事ができれば、というくらいの意識です。実際自衛隊に入れば、やはりほぼ男性という現実はありましたが、特にそれだから何か問題があるということではありません」

「『女性活躍推進』という言葉をよく耳にしますが、与えられた職務において一生懸命であれば、それは男女問わず『活躍』していますよね。ただ、その一生懸命やって活躍しているのがたまたま女性であり、自衛官だったというだけではないでしょうか」

仕事に就いた後も、上司も同僚も周囲はほとんどが男性です。こうした環境を受け入れ、男女というジェンダー意識にとらわれることなく仕事をこなす意識は、実は仕事選びのときも同様だったようです。ただし、男性が圧倒的マジョリティの自衛隊で良いのか、という点に関しては、防衛省も課題意識を持っており、前述したように、採用者に占める女性自衛官の割合を17％以上にするという数値目標が掲げられてきました。

自分が選んだ仕事だから

彼女たちが自衛官を志した理由は、仕事を通じて国や社会を守りたいという社会貢献意識と、自衛官という仕事を通じて何かやり遂げられるのではないかという期待感だったようです。「たまたま」という偶然の出会いも、チャンスとして前向きにとらえています。また、女性自衛官の中途退職率は約3・3％程度と極めて低い[13]という現状は、意外と知られていないのではないでしょうか。

新卒入社の若者が、入社後の早い段階で離職する早期離職が問題になっています。「七五三現象」といわれ、中卒者の7割、高卒者の5割、大卒者の3割が3年以内に離職する現状があります。最近は、労働市場の流動化が進んで若者の早期離職が以前ほど問題にならなくなってきたとはいえ、自己分析や業界分析などの就職活動を経て就職しながら、早期に離職するのは働く側の希望と仕事内容にミスマッチが生じているからと考えられます。

早期離職を引き起こす要因の一つに「リアリティ・ショック」が指摘されています。これは、入職前の高い期待と入職後の失望経験の衝突[14]です。入職前の職場や仕事に対する一定のイメージが、就職活動でポジティブな情報に接することでより膨らんで期待が高まると、入職後の現実とのギャップが大きくなってしまうのです。これを回避するためには、組織側が採用プロセスの中で、仕事内容や労働条件、社風などに関するネガティブ情報も提示しながら職場の現実を伝えていくこと、つまり「現実主義的な職務情報の事前提供（realistic job preview）」の効果があることが指摘されてきました[15]。

女性自衛官の中には、入隊のきっかけはほんの些細なことだったという意見も少なくないのですが、おそらく、厳しい任務遂行というイメージや周囲の不安の声などを耳にして、自衛隊に対するネガティブな情報にも数多く接していたことは容易に想像できます。しかし、それでもなお自分なりに最終決定をするという点で、ある意味で厳格な自己選択が行われ、その結果として自身の職業選択を肯定的にとらえているのではないでしょうか。

また、防衛大学校出身の女性たちは、進学を決めた時点で自衛官という職業をある程度イメージした進路選択であったと考えられますが、防衛大学校での学びが、自衛官の仕事への前向きな意識を形成している点にも注目したいと思います。

自衛官として働き始めた彼女たちが、どのように自衛官の仕事にアイデンティティを見出していったのか、次章で取り上げていきます。

第3章

アイデンティティの源泉

女性自衛官のキャリア意識を支える大きな要素は、自衛官であることを誇りに思い、自衛官の仕事にアイデンティティを見出している点です。そもそも女性自衛官は、外部の人が考えるほど自身の仕事を特別視しているわけではありません。女性自衛官にとっては、他の仕事と同様に、自衛官という仕事を選んだに過ぎない、という考え方がベースにあります。その意味で、自衛官はあまたある中の職業のうちの一つで、社会人であることに何ら変わりないのです。

ただし、自衛官の任務の根幹である「国防」という点に対しては強い「自負心」があるのも事実です。加えて、少数派である「女性」という側面に関しても決してネガティブではありません。このような女性自衛官のプロ意識を支える「自衛官としてのアイデンティティ」はどこからくるのでしょうか。

自律的なキャリアは可能なのか

その前に、前章で述べてきた、「自分が選んだ仕事」ということの意味について考えてみます。自分で主体的にキャリアを選び決定することを「キャリア自律」といいます。その中心的な概念に、「自己指向性」と「価値優先」というものがあります。これは、自身が重要と考えることを基礎においてキャリアを選び、仕事における満足感や成長感などの心理的成功を目指すというものです。賃金が上がる、社会的・社内的な地位が上がるというように外的な評価基準を気にしないで、自分が大切にする価値基準をもとに成功を判断できることが、自律性の一つの側面です[16]。

心理学者のエドワード・デシは、人は自律的であるときに、本当にしたいことをしており、興味を持って没頭できるとしています。その前提に、自分自身の選択で行動していると心底感じられることが重要であるとも言っています[17]。女性が自衛官という仕事を選択する上では様々な葛藤があったかもしれませんが、それにもかかわらず自らの意志で仕事を選んだプロセスにおいては、この自律性がいかんなく発揮されたといえるでしょう。

ただし気になるのは、自衛官になった後の任務遂行のプロセスです。階級社会でキャリアを積む自衛官は、自衛隊法の中で、「隊員は、その職務の遂行に当っては、上官の職務上の命令に忠実に従わなければならない」と明記されています。その意味で、自衛官を選択した後に待っているのは、組織の論理に従う「非自律的」な仕事の仕方なのではないかとも考えられます。職務上の指揮命令には従うことが求められるという性格が強い自衛隊で、女性自衛官は自分らしさをどのように発揮してきたのでしょうか。

社会の構成員として

まず、自衛官の仕事の特徴をみていきましょう。自衛隊の任務の特殊性や男性中心の職場であるというイメージから、「女性自衛官は何をしているのだろう」という疑問が生じます。世の中の職業は、それぞれの持ち場において個々人の能力や適性を活かしながら、社会の構成員としての役割を果たしています。自衛官もその点は同じです。自衛隊の任務は、国の安全確保のための自国の防衛に加えて、国民の命・財産の保護のための災害派遣活動や国際平和協力活動などがあげられます。しかし、平素は各部隊などで陸・海・空自衛隊のそれぞれの任務を遂行しています。

自衛官は毎日訓練をしている、というイメージがあるかもしれませんが、それもまた、組織が担うミッションの中で自分が担う役割遂行のための任務の一つです。組織の目的に沿った個々の職務がメンバーに割り当てられ、分業体制で仕事を遂行している、という点は民間組織と全く同じです。自衛隊の職務内容については次章で詳しく述べますが、自衛隊の中にも、オフィスでの事務仕事や、装備品の整備といった現場での仕事など、一般企業と同じような仕事もたくさんあります。

「周りからは、自衛官は特殊な人たちと見られがちですが、私たちは数ある職業の中から自衛官という職業を選択しただけです。自分の身近にいる人や、住んでいる場所を大事にしていくにはどうすればいいんだろうというときのスケールが違うだけで、私たちはそれが国家や国民だというわけです。自衛官も社会を構成する一要員ですから」

自衛官である前に社会人や家庭人であるという意識は、もしかすると男性自衛官以上に強く意識されているのかもしれません。女性自衛官ということで注目されがちな存在だからこそ、「普通の延長」であることを意識化して、それを忘れないようにしながら仕事に臨んでいるという語りがありました。

「社会人として責任を果たすという意味では、母親としての責任を果たさなくてはいけないと思っています。そういった意味では自衛官をあまり前に出したくないと思っています。自衛官の常識もあって、母親の常識もある。普通のお母さんが実は自衛官だったっていう感じを目指している。だから、スーパーマンとかじゃなくて、手を伸ばせば届くぐらいの自衛官。普通の人が自衛官、というメッセージを伝えたいと思っています」

自衛官としての誇り

一方で、自衛隊の国防や災害時の支援といった任務の特殊性に起因して、自衛官としてのアイデンティティが明確になっていきます。

最近は、自衛隊の活動がメディアで取り上げられることが多くなってきました。災害派遣の件数を過去10年間さかのぼってみると年間約５００件前後で推移しており、豪雨や地震、台風など近年多発する自然災害や、新型コロナウイルス感染症対策など、身近に起こる災害等において自衛隊の存在を実感する状況が増えてきています。

また、災害派遣に比べると報道は少ないですが、国際平和協力活動による海外派遣や同盟国との合同訓練など、諸外国との関わりも深くなっています。「国を守る」、「国と国をつなぐ」というように、自衛隊の任務や役割のスケール感が大きいことは、女性自衛官の誇りにつながっているようです。

「（自衛隊以外の）外の人と会うときに、自衛官は非常にかっこいい、と言われるし、自衛官の私と会うことを楽しみにしている人がいます。こうしたことを振り返ると、自分の仕事に対してすごい誇りを持っている」

「自分の仕事にすごい誇りを持っているかな。『自衛官です』って言うのが全然恥ずかしくない」

だからこそ、世間から注目され続けることのプレッシャーもあります。

「若いときは、自分の行動が自衛隊の信頼に関わってくるというところで非常に息苦しく思ったし、いろいろな意味でプレッシャーを感じていましたね。自衛隊員でなければ大したことではないととらえられるようなことも、大ごととしてとらえる。そんなこと、と思うかもしれないけど、自衛官はそれが全てなんですよね。国民の信頼を得るような組織でなければならない、人物でなければならないという教育を受けてきて、若いときは負担だな、と思っていました」

しかし、大きなプレッシャーは社会的に注目されていることと表裏の関係であり、プレッシャー以上に組織の使命に社会的意義を見出し、仕事に「誇り」を感じているといえるでしょう。前の発言をした女性は、続けて次のように語っています。

「今となってみれば、それ（信頼を裏切ってはいけないこと）は当然なこと、と思えるのです。自分自身というか、職業に対する誇りが生まれたのかなって思いますね。東日本大震災の活動によって自衛隊の評価は大きく変わりました。以降、自衛隊の活動が理解されるようになって。世間も自衛隊を認めてくれているのだったら、なおさらその期待に応えなくてはいけないと思うし、それがまた誇りになっています」

守ることへの自負

それでは、自衛隊特有の「国防」という任務に関して、掘り下げてみましょう。世界情勢は日々めまぐるしく変化しており、自国に有利な国際秩序の形成や影響力の拡大を目指して、政治・経済・軍事にわたる国家間の競争が顕在化しています。戦闘様相は、陸・海・空のみならず、宇宙・サイバー・電磁波といった新たな領域を組み合わせたものになってきています。このような新たな領域を含めて多くの脅威が存在していることから、「国防」の内容は多様となり、また、そのレベルも高いものが求められるようになってきました。

このような自衛隊が社会で担う役割について、女性自衛官からはストレートな言葉が出てきます。

「航空自衛隊が何のためにあるかっていったら、国民の生命と安全を守るため。そのために必要なことを大切にしていくのは当たり前ではないですか」

「組織として大切にしていることは、国民のため国のため。それに尽きると思います」

国を守りたいという気持ちは、心の内で具体的に、どのように落とし込まれているのでしようか。

「陸上自衛官という職業に就く人間としてのプライドはあります。国難のときに私たちはずっと国民のそばにいる存在です。日本の平和と安全、そして『領土』を守るのは私たち陸上自衛隊であるというところです」

「今日も空が平和だって思えるために、私も一役買っているという想いがあります。みんなが今日も平和だね、青い空だね、と思うとき、私たちが空を守っている、そういう自負みたいなものは持っています」

国を守る自衛隊のミッションに参画している自身を極めて肯定的に受け止めている姿が印象的です。まずは高い視点から、組織としてのミッション＝国防ということをとらえます。そして、自分の目の前の業務が国防と紐づくことを強く意識化し、「私がやらなくては」と内から湧き出る想いが、自衛官としての誇りの底流にあります。

「私たちは利益ではなくて、自衛隊の任務をきちんと遂行していく上で必要なことを仕事にしているという想いがあります。F-35[18]といった装備品を運用するための施設を建てたり、隊員が適切な勤務環境で生活ができるように施設を建てたりしているので、利益のためじゃないと考えています。それが、自衛隊の任務遂行につながっていって、国民の平和と安全を守ることにつながっている。仕事をすることで、国民から感謝されるのであれば、なんて良い仕事なのだろうって思います」

自衛隊の任務を確実に遂行することが、自ずと平和と安全につながっていくという信念が彼女たちの自衛官としての誇りの源泉です。利益追求を否定するものではありませんが、自分が頑張った分だけ国の利益になるという高い公共性につながる社会貢献のサイクルが実感できるからこそ、彼女たちのモチベーションは高く維持されているのです。

自衛官にとって重要な資質

女性自衛官は外から想像するほど特別な存在ではない、という語りが多かったのですが、自衛官としての誇り、国を守るという組織のミッションへの想いの強さは、私たちの周りにいる職業人とは少し違うようにも思えてきます。それでは、自衛官にとって特に重要な資質は何なのか。この点について、一つはチームで動くことができる素質、能力、もう一つは強い使命感、責任感の二つがあげられました。こうした資質に自覚的になることで、自衛官としてのアイデンティティがより明確になっていくようです。

まず、自衛隊において単独行動は考えられません。基本はチームで任務を遂行するため、周りを見てチームをまとめる力、チームの一員として周りと協力する力が必要であると、多くの人が語ってくれました。

「重要なことは、集団行動がとれることとですね。集団行動が苦手な人には、厳しい仕事だと思います。周りと同調することを極端に強いられるので、自分はこうありたいとか、そういう人だとかなり苦労する職場だと思います」

「私は、協調性が大事だと思っています。一人が倒れても次の人がいるからこの組織は成り立っているので、しっかり周りとつながる中で仕事ができる人じゃないと」

もちろん、チームワークは他の組織でも重要ですが、自衛隊ではその重みが突出しているといえるでしょう。時には生命の危機と隣り合わせになることもあり、自己を抑えてチームの判断を優先するということが必要になります。また、個人の力では及ばないことが、自衛隊というチームであれば達成できる、という一致団結することの重みを誰よりも理解しているのが自衛官なのです。

二つ目の使命感、責任感に関して、求められるレベルはかなり高いものがあります。

「与えられた仕事を達成する使命感は不可欠です。東日本大震災のときもそうですが、自分の家族が被災しているにもかかわらず、家族を置いて災害派遣に行ったっていう人もたくさんいましたから」

「自衛官にとって一番大事なのは使命感ですね。東日本大震災のときも、多くの隊員がどんなに恐怖心があっても、あの場にとどまって原発を含む各種震災対応をしていました。それは、『今ここで自分たちがやらなければ』という使命感があるからこそ成しえたのだと思います。地下鉄サリン事件のときには、ある化学職種の幹部が自ら防護マスクを外して除染の最終確認をしたということですが、それは国民の安全を守ると同時に現場にいた隊員の命を預かる者の使命感のあらわれだと思います」

家族の安全や自分を含めた隊員の命か、それとも自衛官としての任務か、という厳しい選択に迫られる場面に遭遇したときには、自衛官としての任務を選ばなくてはならない、という使命感、責任感は予想以上に強い言葉で語られています。

「みんな本心は恥ずかしくて言わない部分はあると思うのですが、愛国心という部分があって、少なくとも何かあったら自分のことよりも任務を優先してやろうという気持ちがないと続かないと思います。そこはみんな持っていると思います。粛々と任務に当たってくれる姿を見ていると、誰かが困っているときに自分が行かなくてはいけない、という気持ちがあるからこそ、文句も出ないのだと思うのです」

経験が作る任務遂行への意識

こうした発言を聴くと、自衛官という仕事を続けている彼女たちには、並外れた強い意志や優れた能力があるのではないか、と考えます。自衛官としての素質を兼ね備えてこそ、現在の活躍があるのでしょうか。

この点について、話を聴き進めていく中でわかってきたことがあります。それは、個人的な素質以上に、仕事の経験を通じて任務遂行に必要な能力や意識が形成され強化されるということです。もちろん、最初から自衛隊の「国防」、「災害救助」といった役割を理解し、それらを強く意識して自衛官となっている人もいますが、自衛隊に対して漠然としたイメージしか持っていなかった人も多いのです。後者のケースでは、自衛隊に入ってから受けた教育やキャリアを積み重ねていく中で、国を守りたいという気持ちが醸成されていきます。

「命を懸けてでもこの国を守る、この国民を守るという感覚は、徐々に養われてくるもののように思います。防大や自衛隊を受験するときには一切そんなことを考えない、

『愛国心って何？』くらいの感覚の人たちも入隊してくるわけですよね。ただし、仕事をしていくうちに、国外の情勢を理解し、我々の役割を理解して、少しずつ自衛隊の意義を認識していくものなのです。私自身、いつの間にか命を懸けてでもこの国を守るという意識になりました。いつからかと聴かれると、いつからとは言えないのです。徐々に徐々に、みたいな感じですよね」

この「命を懸けてでも国を守る」という強烈なメッセージがどこから出てくるのかというと、一つには自衛官の「服務の宣誓」にたどり着くと考えられます。自衛官は入隊時に、「事に臨んでは危険を顧みず、身をもつて責務の完遂に務め、もつて国民の負託にこたえることを誓います」という宣誓をします。自らが誓ったことについて、新米自衛官の頃に真の意味を十分に咀嚼できないのは無理もありません。教育を受け、訓練や任務をこなすといった様々な経験を通じて、固く誓ったこの「宣誓」が意識化されていくようです。

「命を懸けてでも国を守る」と語った女性は、徐々に国を守る意識が醸成されてきたということですが、自衛隊を魅力的な組織ととらえており、後進の女性にとって目指したいモデルともいえる存在なのです。そこには、自衛隊組織のために、ではなく、その先にある国や国民を守るという高邁《こうまい》な組織のミッションが明確に認識されており、これこそが自衛官のアイデンティティの源泉のように思われます。このことは、次の発言からも推し量ることができます。

「幹部自衛官は基本的に、職業人生の３分の２ぐらいは行政職です。でも、何かあったら現場で隊員を指揮して戦うというように対応しなければならない。そのために、命を懸けなくてはいけない。私には子どももいますし、家族もありますけど、それを置いても、自分の任務である国や国民を助けるという仕事を優先しなくてはいけないっていうことは、ちゃんと覚えているというか、心の片隅にはいつもあります」

仲間との絆

集団の中で役割を発揮すること、強い使命感や責任感といったものは、仲間との関係の中で強化されているとともに、仲間との関係そのものを強くするという側面もあります。必要であればプライベートなこと以上に集団のためを考える、というように、「私」よりも「公」を優先することが求められます。この「私」を犠牲にすることをある意味強制されるような組織の構造については、ネガティブなイメージを持たれる方も少なくないでしょう。特に最近は、自分の強みを大切にして集団の中に埋もれないようにすべき、というメッセージが投げかけられることが多くなり、それと逆行するような行動をすぐには肯定しにくいのではないでしょうか。

しかし自衛官は、災害などの危険な場面と隣り合わせのところで仕事をしています。このような場面では集団で対応することが不可欠です。一人の力でできることは小さいですが、それが集結して大きな力になることを、自衛官は任務を通じて体現してきたのです。一人ひとりが集団の中に埋没する、というより、一人ひとりが集団としてまとまることの強みを信じて力を発揮することによって大きな困難に立ち向かい克服する、という感覚なのだろうと思います。それを指摘しているのが次の発言です。

「自衛隊は人ありきの組織だと思います。どんなに装備が良かろうが悪かろうが、それを動かすのは仲間であり、自分のいるチームであり、職場環境です。自分が持っている特性、その中の人間関係を大切にして仕事をしてきました。自分もそれに助けられてきたのです」

厳しい任務に立ち向かわなくてはならない自衛隊だからこそ、昔から染みついている大切なものに「絆」があると言います。国防を単独で担うことは不可能だからこそ、自然と「絆」が重視されてきたのでしょう。前の発言にあるように、自衛隊といえば重厚な装備品のイメージがありますが、装備品を操作する自衛官にとっては、任務に取り組む仲間の自衛官の姿を通して日々の仕事への貢献意欲が引き出されているという意味で、とても人間的な関係性の中で責任が果たされているようです。

「私が一番大切にしているのは、人ですね。後輩ですごく苦労している女性がいて、『辞めたくないの?』って聞いたことがあるんです。そうしたら『いや、何回か思いましたよ。でも、辞められないです』って言って。『なぜ?』って聞いてみたら、『ここまでお世話になった人たちがいます。この人たちにお世話になった限りは、自分はこんなところで辞めるわけにはいきません』と言っていました。まさに人とのつながりですよね。私も後輩の考えと同じだなって思って。結局、携わってくれた人がどれだけいるのだろうと思うと、どんなに辛くなることがあったとしても、今すぐ辞めるっていう決断に至りません」

集団の中で自分の能力が発揮されているという意識は、日々の活動の中にも実感する場面があるようです。

「艦に乗っていたときの話です。艦が順番に海に出ていくときにきちんと距離を取らなくてはならない出港があるんです。そのときに艦長が号令をかけるのですけど、結構準備を頑張って、時間を計って『(艦を進めるタイミングは) 今です』って私が言った号令に従って艦長が号令をかけて、艦が正確な位置に入ったときは本当に嬉しかったですね。いろいろと準備してやったことが実を結んだとき、すごい細かいことですけどやりがいを感じます。上司が認めてくれたり、部下が指示どおりにやってくれたり、私の知識が足りないところを相談したときに教えてくれたり、ということを通じて仲間との関係を実感します」

大きな艦が動いていく様子を見ながら仲間との信頼関係を確認するところに、チームありきで仕事する自衛官らしさがうかがえます。大きな任務を全うできている今があるのはたくさんの人の支えがあってこそ、という意識が、「絆」をより強固なものにしているようです。

任務遂行と自律性

本章の初めに、自分らしさを大切にして自衛官になった女性たちは、その後、自衛隊の組織で自律を犠牲にする働き方を強いられなかったのか、という問題提起をしました。自衛官としての任務を遂行するためには、「私」を犠牲にすることも、時には生命の危険と隣り合わせの仕事をしなくてはならないことさえあります。このような場面では自分らしく行動する「自律」を抑えなくてはならないでしょう。こうした組織の要請と自己選択をどのように調整しているのでしょうか。

その結論は、自衛隊の組織の中で自身の役割を果たすことが、彼女たちにとっての「自己決定」なのだ、ということで私たちも腑に落ちました。「自律性」というと、一人ひとりが自由に行動すると考えがちですが、それは「自律」の部分的な理解に過ぎません。本章の最初に紹介したエドワード・デシは、「自律」と「個人主義」を別のものとして議論をしています。「個人主義」は自分のための行動ですが、「自律」は自己決定を基礎において責任ある行動をとろうとする意思が働くとしています。集団の一員として他のメンバーと一緒でありたいと願うことは、自由意思で選択しているならばそれは「自律的」であるといえるのです。

女性自衛官は、組織のミッションの下で一見「非自律的」な働き方をしているように思えましたが、組織が求める役割と自分が選ぶ役割を統合して受け入れているという意味で、自己決定が行われているのです。女性自衛官のアイデンティティは、仲間と一緒に一人ではできない大きな任務、つまりそれは自分にとって極めて優先度が高い「国を守る」、「社会の安心」のための任務を遂行できているということによって明確になっているといえます。

第4章

自衛隊組織の特徴と女性自衛官のキャリア

職業キャリアには、職場の異動や仕事内容の変化など横に広がるキャリアと、上位の職位やポストに昇進する上に延びるキャリアの、二つの方向性があります。本章ではまず、横に広がるキャリアをみていくことにしましょう。

軍事組織の特徴の一つが、様々な機能が組織の中で完結するようにできていることです。例えば、戦闘場面では、戦うだけではなく、そのために様々な準備を積み重ね、戦闘が終わればメンテナンスや将来への準備も必要になります。国防を前提として、数多くの職種・職域が自衛隊には存在しています。その多様性の意味するところは、自己完結型の組織であることに他なりません。

自衛隊の職種・職域とキャリア形成

自衛隊組織における職種・職域は、陸・海・空自衛隊でそれぞれ特徴があります。

陸上自衛隊には、地上戦闘の骨幹部隊として、機動力、火力、近接戦闘能力を有する「普通科」、戦車等の正確な火力、優れた機動力及び装甲防護力により、敵を圧倒撃破するとともに迅速に機動する「機甲科」、火力戦闘部隊として大量の火力を随所に集中して広範な地域を制圧する「野戦特科」等の16の職種があります（**図表7**参照）。

図表７　陸上自衛隊の職種

普通科	機甲科	野戦特科	高射特科
地上戦闘の骨幹部隊として、機動力、火力、近接戦闘能力を有し、作戦戦闘に重要な役割を果たします。	戦車部隊、機動戦闘車部隊、水陸両用車部隊及び偵察部隊があり、戦車などの正確な火力、優れた機動力及び装甲防護力により、敵を圧倒撃破するとともに迅速に機動します。	火力戦闘部隊として大量の火力を随時随所に集中して、広範な地域を制圧します。	対空戦闘部隊として侵攻する航空機等を要撃するとともに、広範囲にわたり迅速かつ組織的な対空情報活動を行います。
情報科	**航空科**	**施設科**	**通信科**
情報に関する専門技術や知識をもって、情報資料の収集・処理及び地図・航空写真の配布を行い各部隊の情報業務を支援します。	各種ヘリコプター等をもってヘリ火力戦闘、航空偵察、部隊の空中機動、物資輸送、指揮連絡等を行い、地上部隊を支援します。	戦闘部隊を支援するため、各種施設器材をもって、障害の構成・処理、陣地の構築、渡河等の作業を行うとともに、施設器材等の整備を行います。	各種通信電子器材をもって部隊間の指揮連絡のための通信確保、電子戦の主要な部門を担当するとともに、写真・映像の撮影処理並びに通信器材等の整備を行います。
武器科	**需品科**	**輸送科**	**¥　会計科**
火器、車両、誘導武器、弾薬の補給・整備、不発弾の処理等を行います。	糧食、燃料、需品器材や被服の補給・整備及び回収、給水・入浴・洗濯等を行います。	国際平和協力活動等における民間輸送力による輸送や各種ターミナル業務などの輸送を統制するとともに、特大型車両等をもって部隊等を輸送します。	隊員の給与の支払いや部隊が必要とする物資の調達等の会計業務を行います。
衛生科	**MP　警務科**	**化学科**	**音楽科**
患者の治療や医療施設への後送、隊員の健康管理、防疫の技術援助及び衛生資材の補給整備等を行います。	犯罪の捜査、警護、道路交通統制、犯罪の予防等、部内の秩序維持に寄与します。	各種化学器材をもって放射性物質等で汚染された地域を偵察し、汚染された人員・装備品等の除染を行います。	音楽演奏を通じて隊員の士気を高揚するとともに広報活動を行います。

出所：『自衛官採用パンフレット』(2021)

また、海上自衛隊においては、艦艇の艦橋《かんきょう》において航海に関する業務を実施する「航海」、レーダーや電波探知装置等を活用して戦術活動を実施する「船務」、護衛艦等において、砲、ミサイルを操作し、各種目標に対する攻撃を実施する「射撃」、潜水艦等で魚雷等の水中探索機器を操作し、潜水艦の探索、攻撃及び器材の整備を行う「水雷」等の約50の職域があります。

さらに、航空自衛隊においては、航空機を運用し、防空をはじめとする各種航空作戦等の任務を遂行する「操縦」、離着陸する航空機等を誘導する航空交通管制業務を行う「航空管制」、侵攻してくる航空機や弾道ミサイルを撃破するためにペトリオットミサイルシステム等の操作や機材の整備を行う「高射」等の約30の職域があります。

以上は、各自衛隊が担う任務を遂行するための職種・職域の一例となりますが、施設、会計・経理、音楽等の各自衛隊で共通している職種・職域もあります。いずれにしても、自衛隊には様々な業務があることがわかります。

民間企業であれば、例えばマスコミ業界なら記者や編集、金融業界であれば融資担当やアナリストというように、業界という大きな枠組みの中でそれぞれに専門性の高い職種に人員が集中していきます。これに対して、自衛隊は、一定の自己完結を目指した組織であるので、実に多種多様な職種が存在しているのです。それは、有事という極限の場面になったとしても、生き残らなくてはならないという前提があるからです。

多くの自衛官は、駐屯地等の部隊で勤務しますが、幹部自衛官になると、部隊勤務はもちろんのこと、幕僚監部などいわゆる現場を離れることも多くなります。幕僚監部とは、陸・海・空自衛隊の部隊の管理・運営等を担い、幕僚として防衛大臣の補佐をする機関のことで、イメージとして大手企業の本社機能に当たります。一方で、部隊は支社のような位置付けといえるでしょう。

自衛官は、本人の適性や希望等に応じて職種・職域が決まり、基本的にはその中でキャリアを形成することになります。自衛隊はピラミッド型組織であるため、階級が高くなれば人数が絞られていきます。また、階級が上がると、必然的に管理的要素が強くなりますので、職種・職域という区分を超えた能力の発揮が求められるようになります。このため幹部自衛官は、部隊の指揮官として、また、幕僚監部等で幕僚として、職種・職域にかかわらず様々な業務を経験すると同時に、マネジメント能力を養っていきます。

幹部自衛官の具体的なキャリア形成のイメージですが、例えば、陸上自衛隊の場合、初級幹部として最初に配置された部隊で約５～６年、自らの職種・職域の小隊長としての経験を積みます。その間、必要な知識を学ぶために、あるいは語学等のスキルを磨くために、職種学校に入校します。

中堅クラスになると、選抜試験を受験し、幕僚監部等の組織の中枢で働くことが多くなります。幹部自衛官は、おおむね2〜3年を一つのサイクルとして異動しますが、その中で、自らの職種の部隊長となったり、行政的な仕事をしたり、広範多岐にわたり活躍する場が提供されます。他省庁への出向や、海外への派遣もあります。こうして幹部自衛官は、それぞれの赴任先で求められる役割に応じてキャリアを積み重ねていくのです。

女性の職域拡大の中で

今でこそ男女の職域が同じ[19]になった自衛隊ですが、かつては、女性自衛官は男性自衛官の補助的な役割として位置付けられていました。この点を少し説明しましょう。

女性の自衛官（当時の呼称は保安官）の採用が開始されたのは、保安庁（現在の防衛省）時代の１９５２年までさかのぼります。その当時、保安庁において人員を増強しており、衛生機能の充実を目的に即戦力として活用するため、看護師（当時の呼称は看護婦）の資格を持っている女性に限定した採用が行われました。１９５８年には、陸上自衛隊衛生学校に看護学生課程が発足しますが、この課程で学ぶことができるのも女性に限られていました。その後も引き続き、女性は看護職域のみで採用されていきます。最前線で戦う男性のために、女性には看護の場面で活躍してもらおうという考えがあったと推測できます。

看護職域以外の一般職域、つまり男性と同じ職域の一部において女性の採用が始まるのは、陸上自衛隊が１９６７年、海上自衛隊及び航空自衛隊は１９７４年です。軍事組織は男性が働く場所ということは社会共通の認識であり、その組織に女性を受け入れ、女性たちの地位が確立していくまでには紆余曲折がありました。女性の採用が開始されても、①直接戦闘する職域、②戦闘部隊を直接支援する職域、③肉体的負荷の大きい職域、の三つの職域には女性自衛官を配置しないこととなっていました。例えば、直接戦闘職域として、地上戦闘部隊となる陸上自衛隊の普通科や海上自衛隊の戦闘艦隊、航空自衛隊の操縦等の職域には女性の配置ができなかったのです。

配置が制限されている当時の話も聴くことができましたので紹介しましょう。


「以前は女性には多くの職種が開放されておらず、自分の職種の分野でも男性が前に出ていく文化があり、女性がバリバリ働く所ではないという風土でした。どちらかといえば、女性隊員は部屋の中でコツコツやるような仕事に配属されることが多かったです」

同じ職域の中でも男女の役割が違うというのは、民間企業でも問題になります。営業部門に配属されても、男性は第一線の営業をしているのに女性は後方支援の業務が中心、あるいは、同じ営業でも男性の顧客は重要顧客で女性は比較的軽めの顧客が割り当てられる、といった状況があります。後者のような状況があると、女性の営業担当が来ると、「女性の営業担当ということは、我が社を軽く見ている」というような顧客からの不満の声が出たりするものです。

話を戻すと、女性の職域が限定されていた時期に入隊した女性自衛官も、民間企業と同様に男性との仕事経験上の差を感じています。

「最近になって、女性にも護衛艦や潜水艦の職域が開放されましたが、私の時代は練習艦や試験艦という後方支援の艦にしか乗れなかったわけです。第一線の護衛艦には乗れない。だから、護衛艦で行っている警戒監視だったり、訓練や任務を経験できていないので、男女で経験値の差があったのです。術科学校[20]に入校して教育を受けているときに、グループで作戦計画を立てるという課題が出されましたが、女性である自分は護衛艦に乗ることができなかったので作戦を立てる訓練を経験していない。でも、男性は実際に経験をしているから知識があるという点で、差があると思ったことがありました」

女性自衛官の就業環境に転機が訪れたのは1992年です。自衛官志願者が減り、募集環境が厳しさを増し、中長期的な人材確保施策を検討する「人材確保対策会議」が防衛省内に設置されました。その翌年には、かねてから自衛隊に求められてきた肉体的、精神的な面だけでなく、柔軟性、社会性などの多様な能力が求められているという認識の下、女性を含めた自衛官の活用が具体的に検討されました。

1993年以降は、母性保護、男女間のプライバシーの保護等の観点から一部の職域での制限は継続したものの、その他の全ての職域が女性自衛官に開放されていきます。きっかけは人材の確保であったかもしれませんが、国際的な女性の地位向上の運動や、男女共同参画社会の推進に日本社会がシフトしていくことの影響も大きかったと考えられます。

図表8に示すように、女性自衛官の配置を制限していた職域に女性の配置が拡大していき、2018年に女性に対する配置制限は撤廃されました。女性の職域拡大が進んできたことは、女性自衛官の働く意欲にも影響を及ぼしています。

図表8 女性自衛官の配置制限見直しの経緯

1993年以前は、以下の職域に女性自衛官を配置しないこととしていた

①直接戦闘職域 ②戦闘部隊を直接支援する職域 ③肉体的負荷の大きい職域

▼

1993年に見直しを実施した結果、
自衛官のすべての職域を女性自衛官に開放

ただし、母性の保護、男女間のプライバシーの保護等を総合的に勘案し、
以下の一部の配置については制限

陸自 普通科中隊、戦車中隊、偵察隊、化学防護隊等

海自 固定翼哨戒機(P-3C)(教育部隊については開放)、護衛艦、掃海母艦、輸送艦、潜水艦、ミサイル艇、掃海艦(艇)

空自 戦闘機、偵察機

▼

2007年3月	海自の(すべての)固定翼哨戒機(P-3C)への配置開放
2008年9月	海自の護衛艦、掃海母艦、(すべての)回転翼哨戒機への配置開放
2012年7月	海自の輸送艦への配置開放

▼

2015年11月	空自の戦闘機、偵察機への配置開放	▶ 空自のすべての配置を開放
2016年3月	海自のミサイル艇、掃海艦(艇)、特別警備隊への配置開放 陸自の対戦車ヘリコプター隊飛行班、特殊武器(化学)防護隊の一部への配置開放	
2017年4月	陸自の普通科中隊、戦車中隊、偵察隊等への配置開放	▶ 陸自のすべての配置を実質的(※)に開放
2018年12月	海自の潜水艦への配置開放	▶ 海自のすべての配置を開放

▼

配置制限は全自衛隊において全面的に撤廃(※)

※ 陸自の特殊武器(化学)防護隊の一部と坑道中隊は、労働法制との関係上、解除されていない。

出所:防衛省・自衛隊ホームページ

「自衛隊には本当に男女差がないと思う。だから様々なことに前向きに取り組んでいくだけなのではないのかなって思います。この組織は何でもやらせてもらえます」

「自衛隊の仕事の中身そのものに男女差はないですね。入隊当初は、職種の制限がありましたが、今や実質的には全てにおいて女性に開放されたので、そういう意味ではあまり男女差はないと思います」

女性自衛官の配置制限が実質的に撤廃された現在は、例えば航空自衛隊において女性の戦闘機パイロットが誕生したように、今後、男女の仕事経験上の差というものが小さくなっていくと思われます。また、最近は、今まで女性が配置されたことがないポストで女性が指揮官になるケースもでてきています。例えば、女性に配置制限があったために護衛艦の乗艦経験がないケースでも、護衛艦の艦長になれるようになったのです。以前は、ある職種・職域において担当者として何年かキャリアを積んだ後に管理的な立場となるということが一般的と考えられてきましたが、過去の経験の有無にかかわらず、あくまでも本人が配属される職務に対する能力の有無を判断基準とし、適材適所の考え方で人事管理が行われるようになってきたといえます。
ただし、女性の活躍推進ということについては、次のような意見もあります。

「女性の活躍というと、男性自衛官と同等に指揮官が務まっているとか、戦闘職種でバリバリやっているとかなのかもしれませんが、女性自衛官からみた女性の活躍は、自分の仕事に対してやりがいを持って、本人が納得して、仕事と子育てを両立できていれば、活躍なのだろうなと思います。男性と比較するのではなくて、適した配置に就けてもらって、適した仕事に巡り合えれば、それは活躍しているのだと思います」

実質的に全ての職域における配置が開放された今、女性がこれからキャリアを積み重ねていく中で、どのように能力を開発、発揮していくべきか、組織に対する課題提起も含め、適材適所で自らが納得して働けることの大切さを再認識させられる意見です。

頻繁な異動

一般的に国家公務員は、おおむね2～3年毎に配置転換、つまり異動がありますが、幹部自衛官も同様に2～3年毎に異動があり、時には転居転勤を伴います。本書に登場する女性自衛官も、10回前後の異動を経験している人がほとんどです。2～3年毎の異動スパンは外からみると目まぐるしく感じられますが、彼女たちは異動に関し、「まずは受け入れるのが当然」と考えています。

「人事（異動先）についてはそれぞれ言い分があるじゃないですか。今は介護だったり育児だったり、家庭の事情があって、仕事との両立が難しいと思うような異動先を提示されると、渋る人が結構いるんですよね。でも、私はそのことについては夫と決めていて、人事から提示されたものについては絶対に渋らないで異動をしよう、渋るなら自衛官を辞める。命令には従うのは当たり前と考えています」

一方で、頻繁な異動について疑問の声もあります。

「そんなに頻繁に人を動かさなくてもいいのに、と最近思うようになりましたね。どんどん担当者が変わっていくので、もう少し腰を落ち着けて仕事しないと、せっかくやりかけた仕事がなかなか身につかなくて、仕事に習熟する前に次の仕事に移ってしまうという部分もありますよね」

頻繁な異動を組織運営の点からみると、腰を据えて仕事に取り組みにくい側面が指摘されています。しかしこの発言をした女性は、次のようにも話していました。

「自分の人事に関して文句を言う人が結構いるんですよね。だけど、文句を言わずに頑張っていれば必ず光るし、また新しいものを身につけられる。自分の気持ちの持ち方というか、見方一つで、人生ハッピーになるかどうか変わってきますよね」

たくさんのチャンス

異動要請は受け入れるもの、ということ以上に、意外にも異動のメリットについて多く語られました。

「異動があることについては意味があると思いますね。人間関係や、仕事の忙しさとかも、今の仕事が一生続くわけじゃないって思って頑張れるところもあると思います。（自衛官の）夫も忙しい部署で働いていましたけど、その担当はいつか終わるからと思うと気が楽になります」

２〜３年で異動があるということは、その都度環境の変化があるわけですから、苦労も多いはずです。しかしながら、自己完結型の組織であることから多くの任務が存在するという自衛隊の組織の特徴を前向きにとらえ、与えられた仕事を一期一会と感じ、真剣に向き合っている姿が印象的でした。

「自衛隊の素晴らしいところは、世の中に存在する仕事の全てがこの組織にあるのではないかと思える点です。ＩＴ関係、教官、研究職、リクルーターなど、職種の枠を超えて様々な経験を積めますし、防衛省の職員でありながら出向して他省庁や国際機関で仕事をしている人もいます。この組織には、ありとあらゆる仕事ができるチャンスが転がっていると私は思っています。なんだかワクワクしませんか？」

「私の場合、いろいろなことを経験できるというところが自衛隊の魅力だと思いますね。艦に乗ることもあれば、他省庁へ出向して日本政府としての政策に携わることもあるし、幹部学校などに学生として入校して仕事とはまた違うことを勉強する機会があったり。本当に短期間でいろいろなことを経験できるし、いろいろな人と関わることができるし、配置が変わるたびに自分の視野が広がっていくことが楽しいと思えるので、自衛官を続けていきたいと思います」

異動は、自分にとって視野が広がる貴重な機会であるととらえられているのです。働く場所、部署、役割、周囲のメンバーなどが2〜3年毎に変わる環境下で、それに柔軟に対応する前向きな姿勢というのが伝わってきます。様々なポストを経験したからこその言葉の重みが伝わります。

転勤は必要か

異動のメリットが多く語られますが、その中でも女性にとって大きな障壁と考えられるのが、頻繁に転居転勤が発生することではないでしょうか。本書で紹介する女性自衛官は、全員が転居転勤を経験していました。中には、五回以上経験した人もいます。

日本の組織で働く人は、「転勤は断れない」というのが一般的な感覚だと思います。知らない地域で新しい人間関係を一から構築することは苦労も多いのですが、社会人として経験を積む重要な機会としてとらえられてきました。

もちろん、転勤経験で得るものは多いかもしれません。しかし、働く女性が増えるということは、共働き世帯が増えるということです。そうなると、転勤時に家族を帯同することは難しく、家庭の事情から転勤命令には対応できないケースが男女ともに多くなり、転勤命令を理由とした離職も増えています。特に、子育てや介護を理由に働き方に制約のある人が増えていることや、個人がワーク・ライフ・バランスを重視する傾向にあるという観点からも転勤が忌避され、採用において転勤があることがネックになってきました。

こうした社会的な風潮の中で、転勤を減らす、あるいは従業員の希望や事情を反映させて異動を行うといった制度対応を行う企業も出てきました。また、新型コロナウイルス感染症の流行により、人々の働き方がテレワークに移行したり、サテライトオフィスを活用したりと、オフィスへの出勤を伴う働き方ではない選択肢が可能になり、これに伴い、転勤制度を抜本的に見直そうとする動きも出ています。

しかし、自衛隊はあらゆる事態に迅速に対応するために、部隊は北海道から沖縄まで全国に存在します。これからも日本国内に限らずグローバルな活躍が自衛官に期待されているため、広域異動という選択肢がなくなることはなさそうです。それでは女性自衛官は、転勤をどのように考えているのでしょうか。

異動の重要性に言及する人が多かったわけですが、異動の一形態である転勤も「必要」という意見が多数派です。

「転勤すると、いろいろな部隊、いろいろな部署に配置されて、自分自身の経験が積めると思う。自衛隊は、例えば、戦闘部隊、教育部隊、高射部隊、レーダーサイトの部隊とか、いろいろな基地があるから、様々な部隊を一通り経験しておくことは重要です。特に幕僚監部で勤務するときには、現場（部隊）のことを知らないと仕事ができないので、転勤は必要だと思う」

「転勤は、必要だと思いますよ。現場で実際に働いてみないと、部隊での仕事そのものが理解できないし、どういう点で苦労しているかもわからないし。特に、幕僚監部に行って部隊に行って、幕僚監部に行って部隊に行って、とした方が良いと思う。どちらの立場もわかっていないと業務が回せないので転勤は必要だと思います」

このように、転勤は幹部自衛官のキャリアにとって不可欠という意見が多いのです。加えて、転勤の「リセット感」をポジティブに評価する次のような意見もあります。

「(転勤については）私は大丈夫です。というか、段々慣れてきました。最初はちょっとストレスもあったと思いますけど、転勤して新任地に着任するとリセットして始められる感じがあるので、私は同じ場所でずっと勤務するより転勤がある方が好きですね」

転勤も含めて異動という経験は、負担が大きいとはいえ、自衛隊の様々な業務を知る機会、視野を広げる機会として肯定的に受け止められていました。ここでも、「部隊のために」と、現場を理解した上で働きたいという組織への貢献意欲がうかがえます。

このように転勤を前向きに受け止めている発言が多いのですが、転居を伴う異動の最大の問題は、私生活との兼ね合いをどうするのか、とりわけ子育てをしながらどのように転勤に対応したのか、ということではないでしょうか。子育てと転勤については第7章で詳しく述べますが、自衛隊では子育て中の自衛官に対して一定の組織的な配慮がなされています。

性別ではなく適材適所

自衛官のキャリア形成において、仕事の多様性、働く場所の多様性があることを紹介しました。女性自衛官にとって、この多様性が時には子育てなどの家族的責任との葛藤を生むことになる一方、新しいことに挑戦していく仕事の魅力にもつながっています。総合的にみると、多様な経験が女性自衛官の成長につながっていると評価できるでしょう。

こうした多種多様な仕事のアサインメントは、適材適所として肯定的に受け止められているようです。男女差というよりも能力や適性を踏まえて仕事が割り当てられていることについての納得感が語られています。

「男女で経験に差はないと思います。差があるとするなら、能力的なものだと思うのです。例えば、英語ができれば海外にバンバン行かせてもらえるし、能力が高い人は、短期的なスパンで転勤することが多いし。職種によりますが、基本は能力次第であって、性別により経験差が生じるということではないと思います」

キャリア形成の課題

ここまで、女性自衛官だからといって男性とは違う特別なキャリアがあったというよりは、男性と共通する経験をして幹部自衛官として活躍をしている女性たちの姿を紹介してきました。しかし、「女性」自衛官のキャリア形成という点にフォーカスすると、男性とは異なる特徴や課題もあります。女性自衛官の葛藤については第6章で詳しく取り上げるので、ここではキャリアに関することについて述べましょう。

まず、キャリア形成上の課題としては、男性上司の遠慮や、セクシュアル・ハラスメントへの気遣い、といった点が出てきました。

「幹部候補生学校を卒業して部隊に配属された頃、同期の男性は男性上司から結構ガツンと怒られていたんですよ。でも、私はそんなにきつい言葉で叱られたことがなくて。女性だから気を遣ってくれて言ってもらえないのかな、というのは若いときに思っていて、すごく残念だと感じました。言われたら言われたで泣いていたかもしれないけど、それでもやっぱり教えてもらえるうちが花じゃないですけど、厳しくしてもらった方が自分のためにはなると思っていたので、厳しく言ってほしいと感じたことはありましたね」

「例えば、要撃管制の仕事は画面を見ていろいろな機械を操作します。新人が判断を間違って、重大な影響を及ぼしてしまうってところを、後ろで見ている男性教官が、パッとその人の手の動きを止めたりして触れることがあるんです。ただ、今の時代では、セクハラとかの問題になるので、男性はとっさにそういうことをできないみたいなのです。自衛隊の多くを占める男性自衛官が、女性に対して気を遣っている部分というのはあります」

自衛隊の任務の内容に男女差はないはずなのに、トレーニングの時点で男女差が生じていることに疑問を感じているようです。命が懸かっている自衛隊の任務だからこそ、女性という特別扱いをしてほしくない、女性であることで機会を逃すことが悔しい、という思いが語られました。しかし、女性が増えてきたことが、少しずつ組織の壁を壊し始めているのも事実のようです。

「ようやく私たち世代の女性から上司になる人が出てきて、周囲に理解してもらえるようになったという気がします。昔は、私のお父さんくらいの年齢の方が上司だったので、例えば国外派遣の任務があるといっても、同期の中で男性は派遣させるけど、お前（女性の私）はちょっと心配だから、みたいな感じで選ばれないことがありました。本当は私が行ってもおかしくないはずなのに、同期に男性がいるからということで女性は後回しみたいなことを経験したこともあります。そのときはモチベーション的にも疑問を感じましたが、今は自衛隊においてはそういうことはなくなってきていると思います」

また、女性のキャリアを考える上では、子育てとの両立をどう乗り切るかも重要なテーマです。第7章で詳述しますが、子育ての時期に仕事の責任を果たしにくくなることにより、通常のキャリアの道筋（トラック）とは別の「マミー・トラック」[21]に乗ってしまうという問題もあります。これから女性自衛官が増えてくると、これも一つの論点になると思われます。

「マミー・トラックはあるかもしれません。例えば、艦のマーク（艦に乗る職域）の人間だと、艦に乗らないとキャリアアップできないところがあります。でも、子どもがいると、子育てをするために艦に乗りたくない人が出てくるので、マミー・トラックに乗る可能性が出てくるかと思います」

男性型キャリアへの疑問

他方で、男性が置かれている現状に対する興味深い意見も出てきました。

「逆に男性がかわいそうに思えることもあります。女性は異動について配慮してもらっている現状がある中で、今の自衛隊では、多分男性は家庭事情などを理由に異動について考慮してほしいって言えない文化にあるのではないかなと思っています。男性は単身赴任を当たり前のように経験しています」

民間企業でも同様に、女性の子育てや介護の問題がクローズアップされてきましたが、実は男性も同じような問題に直面しています。子育てに積極的に関わりたいという男性が増えて、ワーク・ライフ・バランスは男女共通のテーマになっています。自衛隊も、男性が多い時代であれば、少数の女性に配慮することで何とか組織が回っていきますが、男性のワーク・ライフ・バランスも重要となっており、男女にかかわらず全ての自衛官の私生活を含めたキャリアについて、基本に立ち返って考える必要性が出てきているようです。

ロールモデルよりも自分らしさ

様々な局面を乗り越えてきた女性自衛官ですが、気になったのは、彼女たちには果たしてロールモデルというものが存在しているのかどうか、という点です。女性の数が少ないからこそ、ロールモデルの存在意義は大きいとも考えられます。結論をいうと、子育てに関しては先輩の姿を参考にしたけれども、ロールモデルについてはあまり意識していないようです。

「ロールモデルは特にいないです。それぞれですごいなと思う先輩はいるのですが、自分に当てはめたときに、違うよなと感じるところがあって、自分はできる範囲でやっていこうくらいに思っています。ロールモデルといわれたときに、そうしなくてはいけないと思ってしまうと、すごく自分を苦しめることになるかもしれないので、ある程度いろいろな方のやり方を参考にさせてもらいながら、じゃあ自分ができる範囲ってどんなところ？　というのを探ってやっていくのが大切だと思います」

「ロールモデル」ではなく「パーツモデル」という言い方がされますが、彼女たちも、先輩方の良いところを選びながら自分の今後を考えてきたようです。

「先輩方のことはパーツパーツで見ます。こうやって仕事と育児を両立させているのだと。キャリアはそれぞれ異なりますが、育児という点では共通しているので、悩んでいるところは一緒なのですよね。悩みを持つのは自分だけではないなという安心感もありますが、だからといって目指すべきモデルとして見ているわけではないです」

自衛隊の仕事の多様性ということから、自分にぴったりのモデルが見つけにくいということも理由の一つかもしれません。また、「ロールモデル」をお手本と考えることで苦しくなってしまうのではないか、という意見も理解できます。

「振り返ってみると、先となる人がいなくてその場その場で生きてきたなと。この先のキャリアも自分で創っていくべきだと思います。この人というロールモデルを決めたところで、その人と同じようなことが自分にはできなかったときにそのロールモデルのせいにしちゃう。違う人間なのだから、あくまでも一例としてこんな人がいましたね、で良いと思います。キャリア形成に当たっては、自分でどうしたいということを描いて、途中で修正しながらやっていけばいいんじゃないかな」

女性が少ない自衛隊の中でパイオニアとして様々な苦労を乗り越えてきた女性自衛官は、そもそもお手本になるロールモデルに出会いにくかったと考えられます。自ら試行錯誤を重ねつつ、「自分の人生は自分で創る」という言葉にあるように、自分が信じるものを拠り所にしながら将来を見据えてきたのです。

後進を育てる

今までの自身のキャリアをいきいきと語ってくれた彼女たちですが、その言葉の端々に感じ取れたのは、幹部自衛官として部下を育てたいという、後進育成への意欲です。自衛隊がより良い組織となるように、自衛官の質が上がるように、という強い想いで周囲と接しています。その視線の先には「国のため、社会のため」という想いがあるようです。

彼女たちが、自衛隊が今後も社会に貢献できる組織であり続けることに魅力を感じていることはすでにお伝えしたとおりです。そのことを見据えて、幹部自衛官という自覚の下に、部下育成に力を注ぐ姿があります。

「自分の立場からしても、もう人を育てるっていうフェーズにシフトしていると思っていて、そういう意味では一人ひとりの良いところを見つけるようにということを意識しています」

一人でできることは限られているかもしれませんが、集団で力を発揮する、ということを基本にしている自衛隊だからこそ、次の世代を育成することへの使命感、責任感は強いものがあるのだと思います。

「信頼できる人を送りこまないといけない任務で、優秀なホームランバッターばかり連れていくのではなく、この人に伸びてほしいっていう人に経験をさせ、そういう人が育っていく過程を見るのが楽しい。あの人はこの人を育てて、この人はあの人を育てて、と徒弟制度がちゃんとできていて、人がずっとつながっていく。たとえある人が抜けたとしても、別の人が入れば戦力は変わらない、その人が巣立っていくときには、皆がその人の能力に達しているから能力が維持できるというように、人が育っていくのを見るのはすごく面白い。成長を実感する瞬間がすごく楽しいですね」

後進を育成することの意義を非常に強く感じるのは、マイノリティとして苦労を経験した女性自衛官の特徴かもしれません。後進の育成が組織への恩返しだという次のような意見にも心打たれます。

「自衛隊のパイロット学生さんに、いわゆるウイングマーク（航空自衛隊のパイロットである証）の取得を目指す操縦士の養成課程があるのですが、私はそこで教官をやらせていただいたんです。教育というものはすごく楽しくて。人を育てるってこんなにも楽しいものなのかと、教育が楽しくなったので、すごく頑張れたんですね。そもそも私は人の役に立って恩返しがしたいと思って自衛隊に入ったのですが、要は、その恩返しというものは次の世代を残すことかなって思いました。自分の運命はこれかと思ったんですよ」

後輩が育っていくことをまるで自分のことのように喜んでいます。次の世代が育つことが嬉しい、という語りに接し、自身が周囲に育ててもらったことに対する感謝や、だからこそそれに応えたいという想いを強く感じました。周囲への感謝の気持ちの強さは、おそらく女性自衛官が仕事をしながら様々な葛藤を乗り越えてきたことと関係しているのではないでしょうか。

第5章

幹部自衛官のキャリア

前章では、横に広がるキャリアの観点から女性自衛官のキャリアの特徴にアプローチしました。本章では、上に延びるキャリア（昇任）についてみていきましょう。

彼女たちには、幹部候補生課程を経ているという共通の経験がありますが、それはつまり、自衛官になった時点で、近い将来に幹部自衛官になるというキャリアが視野に入っているということです。自衛隊の幹部というのは、まさに部隊を指揮する指揮官としての役割を担う立場です。女性たちは、幹部自衛官としてのキャリアをどのようにとらえ、またどのように役割を発揮しているのでしょうか。

幹部へのキャリア

本書に登場する女性自衛官たちは、現在「佐官」すなわち上級幹部として活躍しています。もちろん、幹部以外の現場のプロフェッショナルとして活躍している「曹」や「士」の女性自衛官の方が圧倒的多数で、それは男性も同じです。本書では詳しく紹介できないのが残念ですが、彼ら／彼女らなしに、実動部隊である自衛隊が機能しないことは言うまでもありません。

幹部自衛官が特に活躍する場面をあげるとすれば、まずは指揮官として部隊の指揮を執ることではないでしょうか。任務を全うするためにチームの統制を図り、多くの部下を動かします。もう一つ幹部自衛官に期待されている役割は、有能な幕僚であるということです。つまり、指揮官のブレーンとなり、任務を完遂できるように補佐することもまた重要です。

ちなみに、陸・海・空自衛隊のトップは幕僚長ですが、これまで女性が就いたことはありません。今はまだ、自衛隊においては組織のトップや指導的地位を担うといえば男性のイメージが強いのです。自衛隊が女性の採用を本格化した時期や、人数の男女比をみると、女性がトップになる日はまだ先のことでしょう。

ただし、自衛隊の任務内容に男女による差はないというのが共通して語られました。男女の区別をしないというのは、女性幹部を増やす上で重要な点です。一般企業に置き換えると、同じ営業部にいるのに男女の役割が異なるという組織がまだまだ多いので、これに比べると、自衛隊は予想以上に男女平等です。

「私の入隊当初は、区隊長とかも男性と同じことを女性にやらせていいのだろうかと思っていたようです。同じ装備品を扱うのに、女性の基準を作らなくてはいけないのではないか、といった検討がなされたみたいです。でも、同じ任務である以上は、女の人はこれでいいよ、男の人はここまで達していないとだめ、ということはできないんですよね。男女関係なく基準は一緒だし、体力も最低限の基準は絶対クリアしないといけない、という点では男女平等です」

自衛隊では、一人ひとりの技術やスキルがベースにあり、それらを集結、発揮してこそ任務を完遂できると考えられています。任務を遂行する能力があるか、成果が出せるか、という点を重視するため、それをクリアしていれば女性であることのハンディを感じることはないというのです。自衛官として、与えられた任務を遂行できるか、部下を統率できるか、など、職務要件に照らして仕事が与えられ評価されるため、女性が幹部としても活躍できる土壌があると考えられているようです。

幕僚監部でのキャリア

女性自衛官は、異動や転勤は仕事の経験を積む上で必要不可欠であるという意見を述べていました。経験を積んだ先にみえてくる一つのキャリアの一つが、「幕僚監部」勤務です。駐屯地や基地等での任務は、陸・海・空自衛隊それぞれのトップの幕僚長と幕僚監部の監督を受けて活動しています。第1章でも述べましたが、幕僚監部は、自衛隊のそれぞれの隊務に関し防衛大臣の補佐をする幕僚の機能を司る機関で、部隊等の計画の立案や、管理・運営の調整等に関する事務を行っています。幹部になると、幕僚監部で勤務する機会が多くなります。部隊等の現場での勤務と、行政職の性格が強い幕僚監部での勤務が、混在するようになります。

一般に女性の能力発揮を進めようとするときに、女性の管理職への昇進意欲の低さが問題になります。女性は男性に比べて管理職を望まない、昇進を打診しても断ることが多い、というように、女性が管理職を目指すモチベーションは男性と大きく異なるとされています。しかし、女性自衛官は、部隊等への影響力を発揮できる幕僚監部の仕事を前向きにとらえています。幕僚監部の魅力について次のような語りがありました。

「幕僚監部で勤務するモチベーションは、自分がちょっと頑張れば部隊が良くなる、という点でしょうか。誰もがそう思っていると思うのですが、私は幕僚監部での仕事が好きなのです。おかしいと思ったことがあればそれを直せるポストだと思うので、本当にやりがいのある仕事です。ポリシーとして、幕僚監部にいるからこそ手は抜かないぞ、と決めています」

幹部自衛官という立場で幕僚監部で働くからこそできることがある、と肯定的に受け止めています。他の組織の女性がこのように思えないとすれば、昇進した後に見える景色に魅力がない、そもそもどのような景色が見えてくるのかわからない、ということなのではないでしょうか。自衛隊は、明確な階級社会です。だからこそ階級が上がった先の景色が明確で、女性の昇進へのモチベーションを高める一因となっているのかもしれません。

階級社会の意味

そもそも自衛隊は、幕僚長をトップに据えたピラミッド型の階層が極めて明確な組織です。最近は、階層を少なくして風通しを良くする組織への転換が強調されるようになっています。２０１４年にフレデリック・ラルーが提唱し注目された「ティール組織」では、階層に頼らずに個人が自身の判断で自主的に動くことを期待しており、業務指示を出す上司の存在を前提としていません[22]。このような「進化型」といわれる組織と自衛隊の組織構造は正反対にあります。自衛隊の組織は時代遅れの組織なのでしょうか。

まず、自衛官の階級は16あり（29ページ図表2参照）、制服に装着する階級章で判断することができます。自衛官には制服着用の義務があり、部隊ではない幕僚監部勤務であっても、勤務時間中は制服を着ることが求められています。

「制服を着たときは、自衛官だって誇りを持っていることが一番大切なのではないかなと思います。制服を着ることによって、スイッチが入るところもあるんですよね」

この発言にあるように、階級を可視化することが、仕事モードに切り替わる一つのスイッチとして働くという側面もあるようです。

16の階級というのは普通の組織に比べてかなり多いのですが、上司と部下の関係も民間企業の上司―部下関係とはかなり隔たりがあるようです。自衛隊組織の特性上、自衛隊法には、上官の命令に服従する義務が定められています。これは、一般職の国家公務員も同様ですが[23]、自衛官はこの意味するところを、日々の任務を通じて実感しているに違いありません。

「国を守らなくてはいけないという任務に就いているからこそ、自らの身を律しておかないと、国防という任務に対応できないと思うので、他の公務員以上に、きちんとあるべきという目線で国民から見られるんだと思っています。例えば、一人でも不祥事を起こしてしまうと『自衛隊は何をしてるのか』と非難されるし、そういうことで国民の信頼を失ってしまうと国防を担う組織が信頼されなくなってしまう。そういう意味で他の公務員よりは、規律が強く求められるのだと思っています」

このような規律が強く求められる組織の中で、上司の命令の重さは一般の組織とは大きく異なると考えられます。それは、常に「有事」の可能性を意識しているためです。階級があることの意味は、待ったなしの状況が起きたとき、最上位者が誰なのか、つまり指揮命令系統を明らかにするところにあります。それにより上位者が決断を下し、指揮命令の系統を通じて迅速かつ的確な対応がとれることが期待されるわけです。

「階級があるから、指示や命令をしやすい面もあるし、上から言われたら、基本的にはそれに従わなければいけないというのが体に染みついています。そういうものですよね。自衛隊は指揮命令で動いている組織なので」

この発言にあるように、階級の必要性、上からの命令に従う意識は体現化されているといえます。

しかし、自衛隊の組織は上司に意見が言えない、ということではないようです。職務上の命令については、命令系統を強く意識して、上官の指揮下に入ることを当然にこなす自衛官ですが、普段の職場では、自分の意見を具申する場面も少なくないようです。意見を交わすことを前提として、最終的な判断をするのはその中の最上位の者となるということです。上官の判断は、多くの隊員、時には何万、何十万という国民の命に直結するものとなるため、影響力は極めて大きいものがあります。有事に対応するという特性上、個人がそれぞれに判断を下して動いてしまえば、相手に隙を与えることにもなりかねません。

このような明確な階級社会について、女性自衛官はどのようにとらえているのでしょうか。自衛隊のことをよく知らない入隊前には、階級への疑問もあったようです。

「私は一般大学から自衛隊に入隊したので、防大出身者は上官の指導とかに耐える辛抱強さがすごいなと思っていました。入隊当初、人に敬礼するという文化がよくわからなくて、防大出身の子に、知らない相手になぜ敬礼するのかと訊いたら、『その人に対して敬礼しているわけじゃない。階級に対して敬礼しているんだ』と言われて、ああそうなのだと納得できました。組織の特性上、自衛隊で働く以上は階級はあった方が良いと思っています」

この発言からは、自衛隊は相手の階級に対して敬意を示す組織であることがわかります。ただ、階級によって厳格に律せられていることについて、窮屈に感じることはないのでしょうか。一般にピラミッド型の組織は、「男社会」の象徴といったイメージもあります。

階級の中の女性

自衛隊組織の階層性の強さは、女性の能力発揮にどのような影響を及ぼしているのかを考えてみる価値がありそうです。最初に彼女たちの発言をまとめると、階級があるから男女差別が起きにくい、自分が上に立ったときにその階級の命令として受け止めてもらえる、というポジティブな意見に集約されます。厳格な階級社会、それはつまり上下関係があって窮屈な面があるのではないかというのは私たちの思い込みで、階級があるからこそやりがいを感じられるし、いきいきと働けると話す女性が多かったのは想定外でした。

職場における女性差別は、例えば同じような年齢・能力の男女の部下がいたときに、上司が性別を理由として女性だけに厳しい指導をしなかったり、難しい業務を与えなかったりと、恣《し》意《い》的な判断が入り込むことによって生じることが多いのです。同じ役割期待の部下がいたとき、性別にかかわらず適性や能力に応じて仕事を配分して育成すれば、女性差別は起こらないわけですが、ここに上司の個人的な想いやこれまでの経験を踏まえた判断などが入り込む余地があると、恣意性を排除できなくなっていきます。

自衛隊組織においても、完全に恣意性を排除することは難しいかもしれませんが、形式的には、それぞれの階級と職務内容に応じた役割期待に基づいて仕事が与えられていくという点で、性差別の意識が入りにくい構造になっているようです。

「階級がないと組織が動かないものだし、たぶん階級があるからこそ、私たちは女性であることを意識せずに仕事ができるのだと思います。幹部自衛官としての仕事のやりがいについて考えてみると、女性だから男性だからということではなく、階級に応じて仕事が与えられていると思います。例えば『1佐』としてのあなたに命じているのです、というのが通じる社会なのです。だからやりやすいところもあるだろうなと思っています」

これは、自分が上官になったときに、部下との関係においてもメリットとなっています。

「自衛隊のすごいところは、階級を尊重してくれるという点です。私が部隊に配属になったときは、一応幹部自衛官だったので、自分の下に准曹士の隊員がいて、先任の曹長の方がついてくれて、いろいろと教えてくれるんですね。当時の私にとってはお父さんぐらいの年齢の人が、当時20代の私に教えてくれました。それは、やはり階級なんですよね。階級を尊重してくれるので、私のことを『小隊長』として扱ってくれるのです。ベテランの隊員の方が私を立ててくれるのを周りの隊員は見るわけですよね。そうするとみんなも小隊長、小隊長って呼んでくれましたし、指示にも従ってくれました」

このように、階級が明確にあることにより、性別や年齢といった個人の属性にかかわらず統制をとることができる点を、女性自衛官は評価しているのです。階級には役割や責任が紐づいており、それを周囲が認めて上司の判断に従う、という明確な指揮命令の系統がメリットとしてとらえられているのは重要な発見でした。階級という客観的に認められた立場が、男女差が生じることの防波堤になっているといえるでしょう。

「階級があるからこそ、任せてもらえる部分もたくさんあるし。そしてそれがやりがいにつながる。階級に対して敬礼してくれているというのは、その人の持っている責任に対して敬礼してくれていると思うんですよね。だから、そうされると身も引き締まるし、頑張らなくちゃと思うし。幹部としてしかるべき階級に身を置かせてもらえるってことは誇らしいですよね」

また、上司としての自分が、部下の生活にまでも責任を持っていることに対する自負心も感じられました。

「階級社会であることはある意味すごい明白、明確で、わかりやすいと思います。命令には従わなくてはなりませんが、上司と部下の間の信頼関係の上に成り立っています。上司は自分の部下を上手く使う義務がある。馬車馬のように働かせるのではなく、プライベートと仕事を両立できるようにした上で、部下の人生を充実させるようにする義務があるのですね。部下は、上司がそういうことをきちんと考えてくれているという信頼があるから服従するし、上司がしかるべき階級になっているということは、部下のことをきちんと考える能力があって、その考えに基づいて、部下に対して言う権限があることも理解していると思います。自衛官はこのような考えを前提として、階級に対する尊敬を持っているので、階級社会というのは、敬意と上司のマネジメント能力に対する信頼で成り立っていると思います」

「階級」というものが、上下関係の意味合いが強い指揮命令のためだけでなく、チームワークや信頼関係の醸成、さらには部下の私生活も視野に入れた関係構築まで含めたものとして存在しているのかもしれません。

幹部は楽しい！

階級社会が、女性自衛官の役割を発揮しやすくしていることがわかりました。それでは、その中での幹部自衛官としてのキャリアを、彼女たちはどのようにとらえているのでしょうか。幹部自衛官であることとのアイデンティティに接近したいと思います。

彼女たちは幹部候補生課程に進んだ時点で、将来幹部自衛官となる未来を見据えていますが、昇任の意欲を尋ねてみると、「できるところまで頑張りたい」という人も、「昇任にこだわりはなく、仕事を続けることが大事」と考える人もいます。想いは人それぞれで、必ずしも全員が上位の階級を目指しているわけではないようです。

ただし、これまで述べてきたように、自分が幹部自衛官であることには誇りを感じており、部隊やチームを統率する醍醐味を実感している点もまた共通しています。

「幹部自衛官のやりがいは、やはり部隊を率いることです。私はそれがとても好きです。自分で最終的に決断するというのは覚悟しないといけないけれど、幹部自衛官の醍醐味は、それができることだと思う」

「いろいろ責任がある仕事を任されているというところはやりがいでもあるし、部下も文句を言いながらも一緒に盛り上げてくれて、しっかり取り組んでくれているのですごく有り難いと思いながら仕事しています。これをやってと伝えても『いやそれは必要ない、僕はこうじゃないかと思う』みたいに言われてなかなか上手く進まないことも多々あるんですけど。でも、それはそれで話し合って、納得して、また次のステップにいけるというところで、リーダーとしてのやりがいを感じています」

同時に、幹部自衛官であることによる裁量の大きさも魅力になっています。上から言われたことだけでなく、自分の判断で仕事ができること、さらには自衛隊組織に対して影響力を発揮できることも評価しています。

「幹部自衛官であれば自分で企画ができますよね。言われたことをやるだけじゃなくて、自分でおかしいと思ったことはおかしいと言えますし、できる職種の幅も広いと思います。教官もできますし、研究もできますし、もちろん部隊勤務もできます。このような自分に与えられた選択肢の幅広さは魅力だと思います」

「幹部としてのやりがいは、自ら計画ができて、自分で決めたことが実現することです。今は幕僚監部で行政職として働いているので、自分で考えたことが元になって部隊に波及していって、ひいてはそれが部隊の精強性になって、最終的に国民の安全とか、もちろんその国民の中には自分の子どもも当然入っていて、自分の仕事が全国に影響していることが目に見えるというのが大きなやりがいだと思っています」

指揮官としての重責

リーダーとしてチームを率いていくことや、自ら企画したものの影響力の大きさの実感、最終的に決断できることなどが幹部ならではの魅力ととらえられているようです。しかし、規律を重視するという自衛隊組織の中で、自分らしさや裁量性というものを発揮できるものなのでしょうか。

自衛隊は、様々な規律やしがらみに縛られて自由度が少ないと思われがちですが、実は幹部自衛官に対しては、予想とは違うメッセージが送られているようです。

「規則を破らなくてはいけないときに決心できるのが幹部だ、と言われたことがあります。規則どおりやるのが曹士で、規則を破るといったら語弊がありますが、元々ある決まり事を解釈したり規則自体を変えたり、そういうことをするのが幹部だと言われ、それを信じてやってきました。決められたことが決められたとおりじゃなくなったときに決心するために、私たち幹部自衛官がいるのではないかなと思っています。既成概念を打破していく、新しいことに取り組んでいくことが幹部自衛官に期待されています」

幹部自衛官であるからこそ、規律は保ちつつもそれだけにとらわれず、独自性、新規性の発揮が期待されています。変えたいと思ったことを変えられる、変えたことが多くの自衛官の役に立つ、ということがモチベーションとなっているという意見も多くあります。

このように幹部自衛官の醍醐味が語られますが、一方でその責任の重圧もあるはずです。重要な場面で最終的に判断するのはその場のトップであって、トップの決断がいったん下されると部隊はその決断に従うことになります。そのプロセスにおいては、周囲からの様々な意見を聴く立場でありながらも、最終的な重い判断をすることの困難さが予想されます。

「正直、指揮官は辛いなと思います。やはり孤独なんです。Aという意見もあって、Bという意見もあって、どうしようかなと最終的に決めるのは自分ですし、責任をとるのも自分です。結構、指揮官は辛かったなっていう思い出がありますね」

「指揮官として人の前に立つというのは面白いです。でも、ものすごく悩みますよ。自分の決断が正しいかどうかわからないこともあるわけですから。悩むことが多いですけど、私が決断を下すときは、みんなの意見を聴いて、最善策を自分で最終的に決めるようにしてきました」

指揮官の「孤独」は多くの女性が語った言葉です。

「リーダーというのは孤独だし、そして決心しなくてはいけないから。みんながみんな良いと思っていることってあんまりないじゃないですか。そうすると当然、反対意見も言われるし、嫌なことも結構あるんですよね」

上に立つ者の醍醐味、一方でその大変さ、これはどのような仕事にも存在する仕事の両面であると思います。

「指揮官は1回は経験したいですね。自衛隊の中で花形のポストってやっぱり指揮官なんです。幹部だったら指揮官やってなんぼ、あの孤独感を知ってなんぼ、ということはよく言われます。真剣に指揮官としての仕事に向き合えば向き合うほど、1回経験するだけでお腹いっぱいって言いますね。もうきつい。ただ楽しいこともいっぱいあるんです。部下を持って、自分で決めて、自分が中心となって一つの事に向かっていくっていう楽しさはあるのですが、その反面、やっぱりきついみたいです」

特に指揮官という立場では楽しさと辛さの両面がありながらも、それをどのように自分の中で消化するのか、というところにポイントがありそうです。せっかく幹部であるのだから、と今の立場を最大限に活かそうとする前向きな語りは、私たちに勇気を与えてくれます。

現場は女性リーダーをどう受け止めているのか

自衛隊の階級社会の中で、女性自衛官は意外にも居心地の良さを感じているようです。それでは、女性が上官として部下を統率する場面で、どのように行動してきたのでしょうか。部隊やチームを統率する役割を担う幹部自衛官は、リーダーシップが求められます。自衛隊では、命に関わる判断を求められる任務を担っている特性柄、部下を率いるタイプの強いリーダーシップの発揮が求められているように思われます。しかし「強い」リーダーシップとは何でしょう。彼女たち流のリーダーシップを通じて、このことを考えたいと思います。

まずは部下を統率した際の経験について紹介します。

「私が女性だから、男性の部下がついてきてくれないかというと、確かに不安に感じることはあったのですが、女の指揮官にはついていかないという性差による差別的な経験は今までにないので、自衛隊のリーダーシップに男女差はないと思います。それは個人の問題だと思っていて、パーソナリティに起因する部分が多かった気がします」

自衛隊を統率する場面で、女性だからということで何か言われた経験や、男性からの差別的な見方や意見で不愉快になる経験はなかった人が多いようです。また、本人もできることをやる、という姿勢を見せるという努力もしていました。

「私は、今まで『女性だから』という特別な扱いを自衛隊で受けたことがないんですよね。妊娠中でも支障のない範囲で訓練に参加したりしていたので、『小隊長頑張っているな』みたいに言われたりもしました。妊娠中でもあったので、周りの人にどう思われていたかはわかりませんが、小隊長は私一人しかいなかったので、できることをやりました。出産するときには産前産後休暇を取らなくてはいけないので、産休に入るまでは、普通にやれることはやれば良いと思っていました」

ただし、心の中では「女のくせに」と思われていたかもしれない、というように周囲からどう思われていたかわからないという女性たちの本音も聴かれました。女性の上官を部下がどう受け止めていたのか、という点に関しては、次のような意見があります。

「自衛隊は男性がリーダーシップを執ることには慣れていて、女性がリーダーとなって指揮をすることについて、受け手側が慣れていないというのがありそうです。そもそも男性は女性が指揮をしてそれについていくことに慣れてないじゃないですか。まずは、そこを取り払わないといけないですよね。もちろん、女性でもバリバリとリーダーシップを執っている人はいますけど、そういうバリバリのタイプの男性と女性がいても、男性の方が先に受け入れられる気がします。それから、男性が大声で指揮したり、時に部下を叱ることは日常的なこととして受け入れられている気がするけど、同じことを女性がすると、心配されたりヒステリックって言われることもあるので、そういうことがしづらいのですよね。特に女性は冷静にリーダーシップを執った方が、私は最終的に受け入れられやすいと思っています」

実際の現場では、性別ではなく個人の能力で仕事を任されていきます。しかし、この発言からは、リーダーに対する受け止め側の見方が鍵となることも示唆されています。自衛隊が能力を重視している以上、そこに性別というフィルターはないはずですが、もし、「女性だから」と色眼鏡で見ている部分があれば、それは修正していくべきでしょう。

自分流のリーダーシップ

男性社会の自衛隊では、部隊で男性が男性部下を統率するということが当たり前だったので、女性が上官となることには男性部下にとっても戸惑いがあるかもしれません。そもそも「リーダーシップ」というのは、集団に目標達成を促すよう影響を与える能力のことで、集団の中の一人ひとりに求められるものです。管理者という地位が与えられることによって、管理者としてのリーダーシップの発揮が期待されることになります。繰り返しになりますが自衛隊は階級が明確なので、階級の上の者はそのポジションに要請されるリーダーとしての行動があります。しかし、リーダーとなった全員が同じ行動をとることは不可能なことであって、個人の特徴や組織の構造などによりリーダーの行動も個人によって異なります。

リーダーがその役割を果たすためには、部下を含めた他者がリーダーを受け入れるというプロセスが必要です。リーダーがリーダーシップを発揮しているつもりでもそれが他者に理解されなければ空回りするだけです。他者がリーダーを評価するとき、リーダーについてのプロトタイプ（原型）があると、リーダーの言動をそのプロトタイプに当てはめて評価してしまうので、リーダーの想いと他者の評価がずれるという事態になっていきます。

　これをジェンダー格差が大きい日本の組織で考えてみましょう。日本の組織は女性の管理職が極めて少ないわけですが、その理由の一つに、「女性は管理職に向いていない」という組織側のみならず女性側の意識があります。管理職昇進を打診したら女性が「私にはできない」と断った、という話をよく耳にします。なぜ「私にはできない」と考えるのでしょうか。それは管理職のプロトタイプが、依然として「男性役割」のステレオタイプな特徴と重なる部分が多いからではないでしょうか。

　こうした状況は日本だけではありません。心理学者のバージニア・シャインらは、5カ国のマネジャーの調査により“Think manager, think male”として、マネジャーに対するステレオタイプな見方、つまりマネジャーといえば男性をイメージしがちだという現状を確認しています[24]。管理職というと、「野心的、支配的、自信がある」という特徴がイメージされますが、これはいわゆる男性の特徴と重なるものです。

心理学者のアリス・イーグリーら[25]は、男女には社会的に期待される役割行動があるとして、この男女への役割期待とリーダーシップに求めるものとの関連性を議論しています。男性に対しては、競争的、目的志向的、野心的、知的、率先的な行動である「作動性(agenticism)」を、女性に対しては、協調的、援助的、養護的、共感的な行動である「共同性（communality）」を期待するのが一般的です。他方で、管理職に期待されるリーダーシップの特徴は、いわゆる男性の特性と合致するというのです。管理職に対するステレオタイプなイメージが、女性からみると「あのような行動はとれない」と考えてしまい、管理職昇進へのモチベーションを削いでしまうのです。

このことについて、自衛隊という組織で考えてみましょう。

「防大では、どうやって相手に強制するか、みたいなところを習ってきたので、そうやって統率していくものだと思って２尉くらいまでやってはきたのですが、なんだかしっくりこないなっていうのがありました。ただ厳しくする、ただ命令する、それだけでは人はついてこないいって思ったんですよね」

組織の中で求められるリーダー像は、いわゆる男性的なものとして教えられたようです。しかし、「男性社会」で形成されたリーダー像に違和感を覚えた女性たちは、経験を積みながら、自分らしいリーダー像を模索していきます。

「教官をする機会があって、自分より能力のある学生さんを教えるって何だろう？　と思ったんです。例えば、将来、幕僚長になるかもしれない学生に教育するって私には無理じゃないか、と思ったのです。でもそんなこと考えたらキリがないわけですよ。そこで、コーチング、モチベーションを上げさせるための傾聴とかスキルを身につけたり、よく話を聴いてあげて話せる環境を作ったりとか、そういう様々な知識を駆使する必要性を感じました」

教官として隊員を育成する機会に、これまでのやり方を踏襲するのではなく、自分の能力に照らしてみて教え方を工夫しているということです。また、ピラミッド型の組織なのだから、上が決めたことを上意下達でそのまま実行するもの、というリーダーの考え方に対する疑問の声も聴かれました。

「私には今、部を取りまとめる役割がありますが、例えば課を取りまとめる人たちと話し合いをするときなどは、参加者全員が対等な輪の中にいて、私は司会進行する人になるのです。みんなそれぞれ特技、得意分野があるじゃないですか。それぞれの意見を聴いて、最終的に決めるのは私で、チームリーダーみたいな感じでやっています。それぞれの得意分野や経験を活かした方が絶対良いじゃないですか。三人寄れば文殊の知恵みたいな感じで、お互いフラットな関係で、私は司会進行としての役割を心掛けています。そうすると、自分の意見も取り入れられたということでやる気も出ますよね。ピラミッド型の指揮官ではなく、フラットな関係でリーダーシップを発揮したいと思っています」

もちろん自分が発揮すべきリーダーシップの在り方については、男性リーダーも同じように悩み、工夫していることだと思います。女性だからこうすべきという固定観念にとらわれずに自分のやり方でやってみる、ということは一つの対応として参考になりそうです。

また、リーダーシップのタイプを場面によって使い分けている、という工夫もありました。

「リーダーシップに関して言うと、私は時と場合によって使い分けました。オペレーシヨンは実際に何かが起こっているときなので、私が決断します。陣頭指揮を執るリーダーシップです。一方で、平時はお母さんのように見守る『サーバント・リーダーシップ[26]』です。この使い分けは私の中ではっきりしていました」

まさに私流のリーダーシップです。女性たちが語る「強い」リーダーシップとは、チームの力を最大限発揮するために自分のやり方で統率する、ということなのです。

単線型キャリアへの疑問

女性自衛官の男性中心の組織へのチャレンジによって、いわゆる「男性型リーダーシップ」へのステレオタイプが変わっていくことが期待されるわけですが、別の観点として、幹部自衛官のキャリアの在り方への疑問も提起されました。

これまで述べてきたように、階級社会の明瞭性を含めて、指揮官や幹部としての任務に対する前向きな発言が多く出てきた一方で、いわゆる「単線型」といえるようなキャリアトラックに対する疑問の声もあります。

幹部自衛官の典型的なキャリアパスは、明文化されているわけではありませんが、一定の階級になると幕僚監部で担当を経験し、適宜、幹部としての教育を受け、部隊長や幕僚監部の班長、課長……という道を歩むものととらえられているようです。典型的なキャリアのルートというものがあるとすると、そこから外れることがデメリットであると感じられるようになってしまいます。

「自衛隊にはキャリアトラックが一本しかないと感じるのです。自衛隊ではキャリアアップのためのポストを経験しつつ、決められた時期に学校等で研修を受けます。今は、研修を受ける時期を出産などのライフイベントに応じてずらせるようになりましたが、それによって重要な時期に重要なポストを経験できるチャンスを逃すこともあります。だから、『私は将来ずっとトップを走って頑張っていきたいんだ』という女性は、どんなに大変でも、現状は男性と同じキャリアを踏むために、あらゆるものを犠牲にして頑張っているわけですよね。マミー・トラックに陥りそうになっても、子育てが一段落したらファスト・トラックに戻れる選抜制度があったらいいですね」

特に子育てなどのライフイベントによって、仕事上の節目といえる重要な時期に十分な経験が積めないなど、上手くタイミングが合わないと典型的なキャリアのコースから外れることが生じます。あらかじめ決められているキャリアトラック上で勤務できないのでもう諦めます、という人が出てくることは、人材活用上も問題があると考えられます。

男性中心の組織であれば「自衛隊のキャリアとはそんなもの」と受け流していたかもしれませんが、ライフイベントでキャリア形成のペースが変化する女性が増えてきたことで、このような意見が表面化してきたのだと思われます。民間企業で複線型のキャリアトラックを提示する制度がみられますが、自衛隊においても上に進むキャリアとは違うタイプのキャリア、一時期、別のキャリアトラックに乗り換えてまた元に戻るような複線型のキャリアへの提案がありました。これからの自衛隊のキャリア形成に示唆を与える発言であると考えます。

また、「幹部女性自衛官モデル」のようなものが前面に打ち出されることについての疑問の声もありました。

「この人みたいに生きてよ、といわれても少ししんどいですよね。働き方については選べたら良いと思います。今、自衛隊では女性を活躍させなくてはいけないということもあって、『1佐モデル』というものが押し出されている部分があります。けれども、たとえ昇任はしなくても、家庭などの社会的な義務もしっかり果たして、きちんと任務も完遂していますっていうように、自分が望むキャリア形成を選べたら良いと思います。もう少し幹部女性自衛官の母数が増えてきたら、こういう道があるし、ああいう道があるしというのができるのでしょうけど、現状は、ロールモデルっていうと本当に『1佐モデル』みたいになっているので、それだけでは嫌だなと思います」

幹部自衛官という役割に対する魅力の一方で、「幹部モデル」を目指すような状況の中でしかキャリアが形成できないとすれば、それは窮屈なものとなります。ライフイベントによりキャリアの揺れが大きくなる女性にとって、キャリア選択の幅を広げてほしいというニーズが出てくるのは自然なことでしょう。リーダーシップについての考え方で示されたように、女性が増えていくことで、幹部自衛官像が多様化していく可能性があり、それはおそらく自衛隊にとって重要なテーマでもあり、組織の変革につながるものと考えます。

第6章

女性自衛官の壁

自衛官は、それぞれの立場や職務内容に応じて能力を発揮することが求められており、そこに性差はないというのが基本のようです。しかし、女性自衛官がキャリアを形成する上でぶつかってきた壁は少なくなかったはずで、それをどのように乗り越えてきたのか、ということは気になるところです。壁の乗り越え方は本人の努力という部分が大きいのかもしれませんが、本人の努力に依存した解決策は持続可能ではありません。

男性が多い職場に女性が増えていく過程で、女性は様々な課題に直面してきたわけですが、とりわけ任務の特性上女性が多数派になりにくい自衛隊組織において、女性自衛官はどのように自身の役割に向き合い、また責任を全うしてきたのでしょうか。特にジェンダー・バイアスの壁にどのように対処してきたのでしょうか。また、自衛隊ならではの特徴ともいえる「体力」や、戦闘場面で求められる「強さ」という側面について、女性のハンディをどのように乗り越えたのかについてもみていきたいと思います。

男性中心の組織が続くのか

自衛隊は、全体における女性比率が1割に満たず、圧倒的に男性優位の職場です。女性比率は上昇しているとはいえ、自衛隊が男女半々の組織になることはこの先しばらくは考えにくいでしょう。その理由は、自衛隊は「戦闘」の可能性を常に視野に入れておく必要があり、この点を慎重に考えなくてはならないからです。

「女性は戦うことはあまり向いていないのではないかと思います。真に戦うだけであれば、戦闘というものは男性という性の方が向いているのかなと思うのです」

「女性隊員の割合が増えた場合、女性一人では重さ、速さといった面でクリアできない部分もあり、男性がフォローで入るとなった場合、そこに関わる兵力でみると本末転倒です。例えば、器材など重いものを運ぶときなど、男性一人の方が早く済むということはあって、同じように女性一人では難しいので、誰か一人を追加してしまうと、結果的に兵力を二つ使うということになります。こういった側面があることも整理した上で、(女性を) 配置していく、増やしていくという思考が必要だと思います」

これらの発言は多くの女性から共通して出てくる言葉でした。「男性を前提とした戦い方を変えるべき」という将来を見据えた意見もあり、技術の進歩によっては戦い方が変化することも予想できます。しかし、「戦闘組織」という側面を持つ自衛隊において、女性が組織の半分を占める存在になることは考えにくいという意見が多数を占めています。この点に関しては、今後も自衛隊として丁寧に議論を重ねていく必要があるでしょう。女性自衛官自身が、「何が国民、国家のためになるのか」という観点で、自衛隊組織における自らの存在意義について考えています。

さて、女性比率を上げにくいもう一つの理由として指摘されたのが、男性が経験することはない妊娠、出産による任務への影響です。

「今後、女性自衛官が増えて、育児などで『時間に制約のある隊員が増えていきます』と言われるようになります。しかし、部隊行動をとらなくてはならないときに、それを乱すというか、今まで念頭に置いてはいなかった例外的な存在を飲み込んでいかなくてはならない。人員に余裕のある部隊であれば良いかもしれませんが、女性がどんどん増えてくると、いずれ特別扱いはできなくなりますよね。仮に女性が増えすぎると、部隊としてやらなくてはならない任務がある中で、少なくない影響が出てくると思います。女性を増やしすぎると逆に女性が大変になると思います」

陸・海・空自衛隊には多様な職種・職域があり、その中には女性比率が高くなったとしても滞りなく任務を全うできる業務もあるという意見もあります。しかし、妊娠、出産は一時的なものであるにせよ、部隊の中で女性の人数が一定のボーダーラインを超えた際に、そのための人員の確保や、妊娠等への配慮が組織にとっては無視できない負荷となってしまうのではないか、と女性自衛官も懸念しているのです。

少数派への視線

それでは、男性が大多数の組織の中で、女性自衛官はどのようにみられ、どのような役割を期待されてきたのでしょうか。

マジョリティに対して少数派がどのような状況に置かれるのかについて、「トークン（象徴）」という概念で鮮やかに説明をしたのが、ハーバードビジネススクール教授のロザベス・モス・カンターです。彼女は、男女の数に極端な不均衡があり女性が超少数派（2割程度まで）であると、超少数派の女性は個人として扱われずに、女性を代表する「トークン」として扱われ、注目されたり（可視化）、多数派に合わせることで目立たないようにする行動に出たり（同化）というような状況に置かれて能力発揮が阻害されるとしています。女性の比率が3割を超えるようになると超少数派から少数派となり「トークン」として扱われなくなると言うのです[27]。自衛隊における女性自衛官は、現状では「超少数派」です。

「私が部隊に配属された当時、『大丈夫かこいつ』という風な目で見られるようなところはありました。私の職種は女性隊員が少なかったので、一緒に仕事をする人たちの『本当に女性に任務を任せて大丈夫なのか』という懸念の目があって。でも、半年もしないうちにお互いに打ち解けました。信頼関係が生まれれば周りは認めてくれるし、その後も特に困ったことはありませんでしたね。でも、そこに行きつくまでの過程では、私の職種は本当に男の世界で、何人かいた女性の一人が退職してしまい、女性はどうせ辞めるだろうという目で見られていました」

まさに、「トークン」の状態です。男性でも退職している人はいるはずなのに、少人数の女性の中の一人が退職することで、その女性の出来事を他の女性にも当てはめられてしまったということです。

自衛隊は、少数派が「女性」であることから生じる「ジェンダー・ステレオタイプ」に注意しなければなりません。男性が「超マジョリティ」というような状況が長く続いてきた自衛隊組織に女性が少しずつ増え始めた時期に、幹部自衛官としてキャリアを歩んできた女性たちは、周囲から「超少数の女性」に対する特別な視線を感じることになります。

「上の年代の方ほど、部隊で女性と一緒に仕事したことがないとか、教育課程の同期に女性がいなかったので、無意識に差別的発言をしているというところがあるかもしれません。妊娠、出産を機に退職する女性がいることを例にあげて、女性を教育課程に入れることは非効率的だとか、これまで女性を勤務させたことがないポストには性別を理由に無理だと判断するような男性がいた時代もかつてはありました」

女性であることで問題が生じるわけではないのに、これまで男性だけで進めてきた組織に女性が加わることへの違和感、戸惑いが職場の中に生じ、女性に対する差別的な見方や、女性を特別扱いする対応につながってしまいます。

ジェンダー・バイアス

このような現実は、少数派である女性に対するステレオタイプな思い込み「バイアス」から生じていることがほとんどです。バイアスは日本語にすると「偏見」です。偏見というとネガティブなイメージを抱きがちですが、「アンコンシャス・バイアス（無意識の偏見）」といわれるように、人が大量の情報を処理する際に、情報を一から処理していると時間がかかって非効率なので、これまでの経験則に照らして効率的に情報を処理しようとする無意識のメカニズムが働きます。「女性」、「子育て」といった隊員の属性をみて、その平均値や自身が持っているイメージを前提にしてその人を理解しようとすることで、意図する／しないにかかわらずバイアスが入り込んでしまいます。

男女というジェンダー・バイアスは、属性を外部から判断しやすい上に、「男性」、「女性」を意識して生活を送ることが多いことから、気を付けていてもバイアスが入り込んでしまうものです。女性自衛官は、自身の自衛官としての役割を十分理解しており、「女性のレッテルを貼らないでほしい」と考えていますが、色濃い男性社会であった自衛隊の中で、自分たちが異質なものとしてみられた経験をしています。典型的なのが、女性に対するバイアスから、男性と異なる取り扱いを受けたという経験です。

「例えば、昇任試験や面接のときに、女の人にだけ家庭に何か問題ないですか、と聞いていたことがありました。特に昇任試験では、例えば昇任するに当たってそれなりの役職と責任が求められるときに、家庭で何か問題はありませんか、子どもとの関係で家庭でも上手くやっていけますか、と聞かれたりします。男性にも同じ質問をしてくださいって思いました。女性にだけその質問をするということは、女性は仕事も家庭も両方を担わなくていけないということを組織的に認めているということになって、そういう女性に対する無意識の偏見は自衛隊にはまだ残っていると思います」

「新しい職場に異動し、上司と面談をしたとき、当時の上司に『あなたのお子さんは小学生で、あなたはお母さんなんだから、我々男性陣と違って、ご家庭を優先してください。でも仕事もきちんとやってもらいます』と言われました。一見とても理解ある上司の温かい言葉に聞こえますが、私は正直にいって違和感を覚えました。結婚して子どものいる人には男女問わずこのような言葉をかけるべきだと思いました。お母さんだからどうこうではないと思いました」

振り返ってみて、自身のジェンダー・バイアスに気が付いた女性もいます。

「今だから反省するのですが、子どもがいるので休みますという男性隊員がいたんです。奥さんは自衛官ではないのですが共働きでした。いつも夫の方ばかり休みを取っているように見受けられたので、『なぜいつもあなたが休みを取るの？』と、夫婦で同じくらいの割合で休みを取れないのかなという認識のつもりでその男性隊員には言ったのです。でも、もしかしたら根底では、その奥さんが何もやっていないと私は思い込んでいたのかもしれないですね。無意識に、母親が子育てするという意識があるので、そういうのが、キャリアを積み上げていくのを阻害している部分があるのかもしれません」

自衛隊が長い間、男性主体の組織であったことから、女性自衛官に対する特別な視線は現在でも少なからず存在しているようです。しかし、施策の推進や時代の流れとともに、女性自衛官を受け入れる環境が整い始めていることを感じている人も多くなってきました。

「先輩で悔しい思いをした方は多分いるんだろうと思うのですが、後輩を見ると、子どもがいてもバリバリとキャリアを積んでいる人もいるので、自衛隊も変わってきているのだなと感じています。一般的にも女性の管理職の割合を上げていこうという話もよく言われているので、そういう世間の流れを自衛隊も組織として考えて取り組みが進められてきていることと、女性自身も高い階級の方もいるので、そういう方がいろいろと働きかけて、今までの男性中心の文化を変えてきているのだろうなとは思います」

組織からの働きかけによって個人の意識が変わっていき、個人が変われば組織が変わっていくという相互作用が、自衛隊の中でも起こり始めているようです。

女性向きの仕事？

ジェンダー・バイアスのもう一つの側面として、自衛隊の中にある多くの職務の中で、いわゆる「女性向き」と考えられる仕事への配置、という点をあげたいと思います。実は、女性自衛官自身も、自分たちの力を発揮できる仕事のタイプがあることを肯定的にとらえています。女性に向いている仕事、女性だからこそやりやすい仕事、というのが自衛隊にも存在していると考えられており、「女性向きの仕事」は女性からも積極的な意味合いで語られます。

「女性にしかできないというより、女性が向いている仕事はあるのかもしれないですね。例えば、基地対策や渉外業務や基地広報などです。そういう対外的な業務は当然、男性もできる仕事なのだろうけど、そういう中に女性がいるとスムーズに事が進む場面もあるので、男性ばかりでやるよりは、女性のソフトな対応や女性の視点とかは活かせることもあると思いますね」

「管制官の仕事は女性の方が向いていると思います。今は無線で話さなくてはいけないので、女性の方が声が通ります。女性は複数のことを同時並行であれこれ考えることも得意だと思います。また、補給業務においてこまめに帳簿をつけたりすることも向いていると思います」

「統率という部分についても、逆に女性の方が、気配りや目配りができてフォローが上手だと思うんですよね。隊員一人ひとりの顔色をしっかり見て、様子がおかしいなと思ったら声をかけるのは、多分女性の方が多いと思うんですよ。そういった意味で、上に立つのは女性の方が向いている部分もあるなと私は思っています」

特定の分野で「女性の方が向いている」という意見は共感できる部分もありますが、「女性向き」の仕事を強調すると、「男性向きの仕事」もあるのか、という違和感を覚えるのも事実です。「女性向きの仕事」というのも、ジェンダー・ステレオタイプから生じていると考えられます。この問題はまた後ほど触れます。

女性自衛官に期待される役割

「女性向きの仕事」よりもさらに積極的な女性自衛官の存在意義として、「女性であることが求められる任務」があるという意見も多くありました。

「東日本大震災のときに特に言われていたのは、災害派遣で被災者の方と身近に接する中で、恐怖心をやわらげることができるというのは男性よりも女性の方が向いているということです。普段の勤務の中でそれが女性でなくてはできないというところはあまりないと思うのですが、もし性差というところで役に立つことがあるとしたら、女性だから入っていける領域というものがあるのかもしれませんね」

「災害派遣で、相手方が女性や小さな子どもだったり、お年寄りだったりすると、女性じゃないとケアできない面もあるし、海外派遣でも、被支援者の半分は女性なわけですよね。そこに男性が行って、何かしてほしいことありますか？　と言うのは難しいところがあって。国際貢献でも、相手方の国際機関からも女性を連れてきてほしいというニーズが非常にあり、自衛隊には女性でなければできない仕事もたくさんあります」

自衛官であれば男女問わず誰でも任務を遂行できることが前提ではありますが、その中でも支援業務においては、対象が女性や子どもの場合に女性が支援することで安心感を醸成できるという意見です。この点は、警察官でも同様のメリットが指摘されます。例えば被害者や加害者が女性の場合、女性警察官の方が話をしやすいということがいわれています。

さらに、女性自衛官が増加していくと、女性隊員への対応、支援という側面も重要になってきます。仕事以外の部分でも、女性の上司・先輩の方が相談しやすいというのは、おそらく自身の経験から出てきた言葉なのだろうと思います。

「組織を上手く回す上で女性にしかできないことというのは、特にないとは思うのですけど、女性の部下、例えば艦であれば、女性の乗員に対するケア、身体のこととか、今後の人生のこととかの相談相手として、女性の幹部や上司がいるべきだと思います」

また、子育てをしている女性（男性もいますが多くは女性です）の時間意識の高さからくる効率的な業務の遂行は、職場の周囲の働き方に刺激を与えているようです。

「周りの女性陣を見ていて思うのは、特に子育てをされている方って、1分あったらやれることはたくさんあると思っているじゃないですか。だから時間を有効に使っていて、物事の処理能力がすごく速く、スピード感があるところは強みだと思います」

ジェンダー・バイアスの壁を壊すダイバーシティ

女性自衛官の存在意義を考えてみると、「女性だから活躍できる場面があるはず」、「女性向きの仕事で役割を果たす」というのは、一つの考え方としてあり得るのだろうと思います。しかし、それでもこの考え方を全面的に受け入れることには躊躇します。「女性だから○○が得意」というポジティブな見方と、「女性だから○○はさせられない」というネガティブな見方がありますが、両者の意識は同じところから生じていると考えられるからです。当然ですが、「女性向き」といっても、それが向いていない女性もいるわけで、「女性」をひとくくりに議論することの問題にも目を向ける必要があります。

自衛隊組織のジェンダー・バイアスという壁に対しては、個人として認め合う、ということが重要なのではないでしょうか。ここで、民間企業で進めている「ダイバーシティ経営」が注目されます。「ダイバーシティ経営」は、性別を含めて多様な人材が組織の中で能力を発揮できるようにすることで、複雑・不透明な経営課題に対処しようとする経営戦略と関連した人材戦略です。

自衛隊でも、戦略や組織の今後を議論する上で、意見や視点の多様性が重視されており、その一環としてジェンダー・ダイバーシティという側面にも光が当たってきました。

「軍事組織だからこそ、女性がいた方が良いように思います。多様性という部分を認めない組織は偏っていくと思うんですよね。ちょっとした物事の考え方とか進め方とか、いろいろな点で違いがある方が組織のためになっていると思いますね」

「女性自衛官がいることによっていろいろな考えの人が増えるので、多様性につながります。ある一つのこと進めるにしても、女性／男性の視点とか、育児を経験している人／していない人の視点が入り、多様な意見が生まれると思うのです」

組織が偏った視点を持ってしまうと、自衛隊が大切にしている精強性、つまり強さというものが失われてしまうという危機意識を指摘しています。女性に対する職域開放の経緯を踏まえても、自衛隊には、男性が多い職種と女性が多い職種が存在するため、意図せずとも性別による職種の偏りが大きくなりがちです。そうなると、組織内での抑止力が働きにくくなり、業務に支障が生じる場合があるとも考えられています。

また、性別という属性を超えて、個々人の多様性を重視することの必要性も指摘されます。

「女性自衛官が増えると、女性の多様性というものが受け入れられてくるのではないかと思います。女性はこういうもの、というステレオタイプではなくて、女性にもいろいろなタイプの人がいるのだということを組織の中で認め合うことで、あえて『女性』とは言われなくなると思います。男性が持っている女性像を壊していくためには、女性にも幅があるということを出せば良いと思うのです。仕事を頑張る女性もいます、子育てを頑張る女性もいます、というように、多様性の拡大は重要です」

一人ひとりが周囲に気兼ねせずに自由に発言できることは、組織の強さに直結します。新たな視点や価値観を織り交ぜることによって、組織全体のパフォーマンスが向上するという趣旨の発言は多く聴かれました。自衛隊も、防衛を取り巻く環境が複雑化するとともに、国を守る手法も変化しています。こうした変化に迅速かつ的確に対応するという点で、民間企業の経営環境変化への対応と共通点は多いはずです。変化が激しい、また将来が予測できない社会の状況に組織が適応するために、ダイバーシティ戦略が有効であるという民間企業と同様、自衛隊でも女性自衛官の存在意義をこの観点から確認すべきでしょう。

体力の壁

自衛官に必要なものは？　と考えるとき、ナンバー1にあがるのは「体力」ではないでしょうか。防衛大学校の受験案内パンフレットの「よくある質問Q＆Aコーナー」にも「体力に自信がないのですが、大丈夫ですか？」というQがあります。筆者（上野）も、昼休みや課業後などに体力練成に励む自衛官をよく目にしており、筋力トレーニングは大切なのだろうと思います。個人差はあるにせよ、平均的にみれば、体力という点で男性は女性よりも優れていそうです。実際に、多くの女性自衛官が「体力に自信がなかった」と話していますので、不安を感じながら自衛隊に入隊したようです。体力に自信がなかった彼女たちにも、厳しい訓練が待ち受けていたはずですが、その壁をどのように乗り越えたのでしょうか。

インタビューで体力に関する話を聴かせてもらった際に、元々の体力の有無や得手／不得手以上に、日々のトレーニングに一生懸命向き合ってきたという当時の語りが多くありました。厳しい訓練の経験が、思い出したくもない辛いこととして語られるのではなく、目の前の課題に諦めずに取り組んできたこととして語られています。

「私は体力があった方だからそんなに心配はしなかったですけど、周りを見ていると、運動が苦手な女性もいましたね。走れないとか、筋トレが得意じゃないとか。腕立てをするように言われたときに、普通にならできますけど、顎を床につけるくらい腕を曲げなくてはいけない。そこまでのレベルとなると私もできなかったですけど、そういうのは入隊してから段階的に鍛えていくのですよね。できないことをやれとは言われなかったので、一生懸命トレーニングを積み重ねれば、だんだん伸びていくものなのです」

「私は運動ができるわけでも好きでもなかったですけど、だからといって落ちこぼれることはなかったという感じです。水泳訓練だったり武道訓練だったりとかも別に上手いわけではなく、どちらかというと下手な方だと思うのですけど。重たい荷物を背負って長い距離を歩いて、その中でいろいろな状況が付与されていくのをこなしながら進んでいく訓練があって、その訓練途中で倒れちゃう子もいましたけど、それは女性に限ったことではなく男性も倒れていたので、おそらく倒れた子自身も『女性だから』と受け止めたわけではないと思います。男性もバタバタ倒れていましたからね」

最初は訓練についていけなかったとしても、苦しいのは自分だけではない、めげずに向き合えば自ずと体力がついてきた、ということで、体力という壁を乗り越えてきたようです。また、体力そのものが重視されている部分は当然にあると思いますが、みんなで徐々に鍛え上げていくというステップは、仲間意識を醸成するという観点からも有効なようです。

体力がハンディになるか

それでは実際の任務遂行において、体力はどれくらい重要なのでしょうか。自衛官の仕事に性別は関係ないため、職務内容によっては一定の体力が求められます。しかし、それもチーム力でカバーしていくので、男女差はあまり意識されません。

「（防大）学生の下積み時代は、行進訓練や水泳訓練などがあるので体力をそこそこつけないといけないなと思うのですけど、実際に自衛官として部隊に配属されたら体力だけじゃないですよね。重たい土嚢《どのう》を持ってどれだけ速く走れたとしても、一人だけ速く走れたところで意味がないじゃないですか。みんなができる速さじゃないといけないですから。なので、任官してからの各種任務においては男女での致命的な体力差を感じたことがなかったですね」

また、仕事経験を積んでより高位の幹部自衛官となっていくと、求められる能力の中で、「体力」のウェイトは下がり、別の能力が重視されるようになるようです。

「防大在学中や幹部候補生課程入校中など、教育、訓練を受けている期間は、体力は確かに必要です。ただ、例えば艦に乗るに当たっては、むしろ体力はあまり使わないですね。重たいものを幹部自衛官が運ぶことはそこまでありませんし、作業というよりも監督する立場なので、作業を円滑にいくように計画したりとか、その場で指導、指揮したりとか、そういったことをやります。出港中とかで当直に当たるとずっと立ち仕事ということがあるので、忍耐力が必要な面はあるのですが、体力はそこまで使わないですね」

「入隊当初と今では体力についての見方や考え方は全然違うと思います。幹部候補生課程の期間中は、もう本当に体力勝負のところが大きかったので、私は体力には自信がある方だったのですけど、男性についていけなくて劣等感を感じることもありました。訓練の途中で、もう私これ以上できないって諦めることでチームに迷惑がかかることがあって、それがやっぱり一番きつかったんですよね。けれども、部隊で実任務に就いたらあまりそのような場がないんですよね。つまり、体力で何かを競うのではなくて、技術、技能なので、そこに男女の差は感じないなと思いました」

自衛官として任官する前の段階では体力を必要とする訓練が多く行われるため、男女の体力差を実感するようです。しかし、部隊等で勤務しながら指導、指揮する立場になっていくと、体力が重視される機会は少なくなっていきます。

それでは、なぜ訓練で厳しいトレーニングを経験する必要があるのでしょうか。これに関して興味深い発言がありました。「自衛官とはトレーニングを含めて自分を律するものだ」というものです。時に厳しい環境に身を置く自衛官ですから、自分を限界まで追い込むことへの耐性や、他者との競争心、粘り強さなども求められます。トレーニングで体力を強化するだけでなく、自衛官としての気概のようなものを「訓練」を通じて学ぶことが期待されているようです。

また同期の中で自分の位置を相対的に把握し、自分は自衛官としてここをできるようにしよう、ここに力を入れよう、と目標を持つためのものという意見もありました。訓練で求めるのは「高い身体能力」以上に「強い精神力」であるとすると、女性自衛官に対して、一定レベル以上の体力が期待されている、ということではないようです。

ちなみに、前述した防衛大学校受験案内パンフレットの「体力に自信がないのですが、大丈夫ですか？」というＱには「Ａ．大丈夫です。」という回答がありました。

「強さ」の再定義

「戦闘」という自衛隊ならではの機能を最も発揮すべき場面を切り取ると、男性に比べて女性は不利になると考えられがちです。「強さ」とは何か、ということも女性の壁として考えておきたい点です。

重要なポイントは、「強さ」は一人で担うものではなく、チームで担うものだということです。自衛隊の組織には様々な役割を担う隊員が存在し、その組織の中で自身が果たせる役割がある、ということは多くの女性が指摘した重要な点です。

「戦闘職種にも女性が増えてきていますが、それぞれに役割があって、前線でも後方でも活躍できる環境になっています。各人の考え方をベースに活躍の場を決めてあげれば、女性も軍事組織の中でしっかり取り組んでいけるのではないかなと思います」

「軍事組織の任務というものはすごく多様化していて、国際貢献もそうですし、災害派遣もそうですし、戦争もそうなのです。各国でも女性兵士が非常に増えてきている中で、その相手をしている半分は女性なんですよね。そういうことを考えたときに、当然、日本の自衛隊にも女性は必要であると思います。確かに、自衛隊に男性しかいないとすれば、女性が体力的に劣っていることなどを考えなくていいので楽ですよね。ただ楽というのは、あくまでも自衛官の管理面の話であって、それが本当に組織として強いかというと必ずしもそうではないと思います」

個人技ではなく組織力という視点から「強さ」を再定義してみると、組織が持つ「強さ」の中に女性は欠かせない存在であるということになるようです。これは先に述べたダイバーシティの重要性とも重なってくる部分です。

「組織として戦うためには様々な準備が必要で、誰かが下支えをしているところはあって、女性が十分担えるところがあると思います。戦う組織という観点だけで考えたときに、『戦う』ことは目的かもしれないですけど、一つの組織体としては多様性があって良いのではないかと思います。男性自衛官の中にも戦いに向いていない人はいると思うんですよね。反対に、女性であっても戦うことに向いている人ももちろんいると思いますので、上司となる立場の人は性別にかかわらず多様な人材を活かすように使っていいかなくてはいけないのではないのかなと思います」

女性活躍の風に乗って

女性自衛官自身の奮闘だけでなく、女性自衛官を取り巻く状況が変化してきたのも「壁」を乗り越える要因といえるでしょう。

自衛隊も社会の変化の中で、変えるべきところは変えるという考え方で運営されてきました。戦闘技術の向上や戦い方の変化に対応して組織を変革する必要があるのと同時に、社会の状況や働く人のニーズに対応する必要もあります。第1章で述べたように、女性自衛官に対する施策も充実してきました。

「自衛隊も特にここ数年で状況が変わったと思います。女性の将官が出たりとか、司令職にも女性が就いたりとか。世間の女性活躍の波もあると思うのですけれども、そういうポストにも積極的に就けているので、私が入隊したときからだいぶ状況が変わりました。やはり、社会全体として『女性活躍』の施策を推進しているので、その影響がかなり大きいと思います。自衛隊においても、今の社会の追い風に乗って、女性を要職に就けているという部分もあると思いますよね。幕僚監部の中では、真に防衛政策を担当する部署などにはまだ女性が少ない印象がありますが、女性活躍の施策は自衛官に響いていると思います」

一般的に、「女性活躍」という言葉に対しては、「女性だけなぜ？」、「これ以上どう活躍しろというのか？」というように疑問を投げかける意見があるのは事実です。しかし、女性自衛官が置かれている現状や課題を明確にして適切に対処するために、「女性」の自衛官に光を当てることに対しては、肯定的な意見が多いようです。

女性自衛官の活躍推進に関しては、これまで上からの「やらされ感」で上手く進まなかった現場もあったでしょう。しかし、組織として女性自衛官の能力発揮を進め、それに呼応して若手女性のキャリア志向が明確になってきたことなどを受け、現場の対応も女性の活躍推進に前向きになってきている様子がうかがえます。

「女性活躍施策を推進することは、男女問わず現場の隊員から活躍を後押ししてもらえるのは嬉しいと聞きます。私自身、施策を推進することは当然のことだと思います。男女関係なく、意欲と能力のある人材が活躍することは国としても当然やらなければならない施策です。陸上自衛隊で今まで女性に門戸を閉ざしていた職域が開放されたことにより、陸上自衛隊に入りたいと思ってくれる女性が増えたらな、と思います。自衛隊の中の組織文化が大きく変化することに抵抗を覚える男性もいますが、新しい時代に入ってくれる女性が育っていく過程で、懸念を抱いていた男性がこれで良かったのだと思えるようになると思います」

「結婚や子育てで仕事を辞めるのが当たり前ではなくなった今、自衛官の意識も変わってきていると思います。特に今の時代の人たちは、新しい世代なりに、自衛官を続ける中で感じることは上の世代とは違うかもしれないですよね。自衛隊が組織として上手く回っていくためには、女性自衛官に対して意識は向けた方が良いと思います」

現状ではマイノリティである女性の能力発揮を進めることは、純粋に人手不足を補うという観点だけではなく、組織としてのバランス感覚を失わないためにも重要なことなのです。

「女性自衛官が増えたときのメリットというより、国の勢力組成に近づくだけです。国を構成する男女はほぼ同じ割合なんですから。自衛隊が社会の縮図となるだけです」

女性活躍という視点を据えることで、ジェンダー・バランスの問題だけでなく、男性側の課題が可視化され、男女共通の問題として個人のキャリアや働き方に光が当たるようになるのではないでしょうか。

背中を押した上司

このように社会の変化やそれに対応した自衛隊の施策が、女性がキャリア形成で直面する壁を壊し始めていますが、組織の中に目を向けると、女性が壁を乗り越える応援団として、まず上司の存在が浮かび上がってきます。

男性中心の組織の中では、時に孤立したり、時に仕事への自信が揺らぎ目標を見失ったり、という女性たちを支えてきた上司の重要性が強調されてきました。多くの組織では、これまで男性が多数を占めていたため、だいたいが男性上司です。もちろん全ての上司がサポーティブなわけではありませんが、上司の一言で仕事へのモチベーションが維持できた、これから仕事を続けられるのかと先がみえなくなったときに別の視点でアドバイスをくれた上司の言葉に救われた、という経験を持つ女性はとても多いのです。
上司との関係で多く語られたのが、出産や子育てによるハンディを踏まえて、長期的な視点で自分を育ててくれたことへの感謝の気持ちです。

「（出産前の）直属の上司である連隊長に、私が女性というのもあって、出産というイベントもあるだろうから、おそらく部隊での勤務経験が短くなるだろうと、いろいろな部隊に連れていかれたんですね。お前はいろいろなところを見て来いと、仕事が来るたびに『お前行けるだろう』と言って、いろいろな部隊に連れていってくれました」

「当時の部長が、『お前、しばらく育児休業取っていたんだから、ここでちょっと勉強したらいいぞ』と言って私の配置を考えてくれて、すごく良い考えを持っていた人だなあと思っています。今でも、この人のおかげで私はいろいろと勉強できたんだ、と思えます。先見の明があって、私がこれから幹部としてやっていく上で、ここで勉強させておかないとこれから困るだろうと、私の将来を真剣に考えた上で、できることを精一杯やってくれた上司です」

女性を部下に持つ男性上司は、どこまで厳しくすれば良いのか、何を支援すれば良いのか、に戸惑いがちです。確かに、ある女性に対しては厳しい言葉が響いても、同じことが別の女性にとっては厳しすぎてついていけないと引かれてしまうことがあります。イギリスの社会学者のキャサリン・ハキムは、女性はキャリアの選択が多様であり、「仕事志向」と「家庭志向」と両者の中間タイプが存在するということを指摘しています[28]。女性は男性以上に仕事に対する意識への多様性があることを踏まえて、個々に対応することが必要になってきます。この点が女性部下を持つ難しさでもあるかもしれません。女性自衛官に対する上司の態度に戸惑いを感じた経験も語られます。

「女性だから『いいよいいよ』と言われて呼集[29]訓練を免除されると、どんどん甘えてしまうんですよね。任務に応えられる態勢を仮想でもいいから作っておく気持ちは絶対持っていないといけない。多分、男性は女性に配慮するところがあって、訓練に来なくていいよと言うのは簡単ですけど、そうすると、その女性自衛官は自衛官として成長していくチャンスを逃すことになる。例えば、災害派遣というときに、最初から『子どもがいるからな』と省くことはある。そうじゃなくて、行けるか行けないかまず本人に聴いてみて、そこから考えるということだと思うのだけれど、知らず知らずのうちに女性が技術とか能力を得る機会を、勝手に指揮官が外しているというのはあるかな」

それぞれの状況を丁寧に把握して最適な対応を上司と部下で一緒に考える、そのために「まずは本人に聴いてみる」態度が、女性に限らず部下マネジメントとしての肝といえるでしょう。これを自衛隊において考えてみると、これまではたまたま男性の同質性が高かったということだったのかもしれません。これからは、男女ともに仕事に対する考え方は多様であるということを念頭に置いたマネジメントが必要になります。

これまでに出会った上司を、自分が目指す上司像のモデルとして受け止めているケースもあります。

「今までいろいろな上司に出会いました。仕事のやり方を習った上司もいました。隊員に対してどこに気を付けてみてあげなくてはいけないのかということを習った上司もいますし、純粋に私をケアしてくださった人もいます。本当に私は恵まれてきたと思います。いろいろなところで目をかけていただいて、仕事をする上でのコツとか考え方とか優先順位の付け方とか、仕事のやり方を習いました」

「当時の上司の班長がすごく誠実で優秀な方で、仕事に対する姿勢が私はすごく好きでした。真面目というか、手を抜かないのですよね。仕事に対する誠実さがあまりにも素晴らしくて。私とはものすごく差があるのですけど、仕事に対する向き合い方は似たものを感じると言われました。多分、私が上司に寄せていたのだろうと思います」

仕事への向き合い方や考え方について、尊敬する上司や相談しやすい上司など、様々なタイプが存在していますが、上司が与える影響力が大きいということは紛れもない事実です。尊敬できる上司との出会いにより、仕事への意欲が格段に高まっていきます。

「幹部候補生学校にいたときの区隊長が今もいてくれるから、私は仕事を続けられていると思います。すごく厳しくて怖い人だったんです。今でも、行き詰まったときにメールをすると、忙しい部署で働いているはずなのにいつもすぐ返信がきて、こうだと思うよと言ってくれたり。教えてくれた言葉とかをいつもモチベーションにして仕事をしています。自衛官として一番尊敬している人です」

女性同士で高め合う

それでは、同じような立場の女性たちとはどのように関わってきたのでしょうか。女性自衛官として同じような課題に直面している女性たちは、心強いネットワークになるはずです。女性自衛官が増えると、中には仕事より子育てを優先する女性もいて、上の世代としては歯がゆい思いをすることもあるようです。若い女性たちがキャリア形成の重要な時期に仕事に打ち込めるようにと、子育てを手伝う年配の女性自衛官の姿が印象に残ったというエピソードを聴かせてもらいました。

「初めて幹部として部隊で勤務をしたときに、定年に近い曹の女性自衛官の方がいらっしゃったのです。その人が素晴らしくて、バリバリの戦闘職種の自衛官である旦那さんが訓練に行ったり、任務で１カ月間家に帰って来なかったりという生活をしているにもかかわらず、子どもを二人抱えて仕事をしてきたのです。私が出会った頃は、既にその方のお子さんは手を離れていて、同じ職場の中で小さい子どもを抱えている曹たちの子どもを自ら預かっていました。『あなた今日残業なんでしょ。保育園は私が迎えに行くから、あなたは仕事をやっていきな』というように。母親の代わりに保育園に迎えに行って、自分の家でその子にご飯を食べさせて、残業を終えた母親がその方のところに子どもを迎えに行くというのをやっていたのです。今度は私がみんなを支える番なのだって言って。そういう存在が同じ組織の中にいることがすごく大事だと思います」

子育てを優先する意識で仕事に取り組んでいた若い女性自衛官に対して、苦言を呈するのではなく態度で示したことで、女性たちに響くものがあったようです。このように女性を支える先輩女性の存在の重要性は、部下の育成においても指摘されています。

「今の女性自衛官は、男性が多くいるという環境の中である程度揉まれてきていますし、女性の先輩がいることで、後輩女性のしつけもできると思うのです。逆に、女性の先輩がいない環境にいる若い女性自衛官がいたとして、男性上司からチヤホヤと大切にされていたらその子が育たない。私は厳しい時代を乗り越えてきた女性の先輩がいる部隊で、女性を育てるということの意義があると思っています」

もう一つ女性自衛官同士で気を付けていることは、前述した「トークン」と関係します。つまり、ある女性の発言や言動が、女性を代表しているものとして受け止められてしまうことに留意しているということでした。一人の女性の行動や発言は、他の女性も同じだと周囲の男性には受け止められがちです。男性からすると、今まで気付きもしなかったことを女性から指摘されたら、「女性はそういう風に考えているのだ」という思考になることは否めません。この「女性代表」として受け止められる可能性への目配り、気配りにも留意しています。女性だからということで甘えるのではなく、「自衛官としての誇り」を持って働いてほしいという強い想いがひしひしと伝わってきます。

「『私は子どもがいて、数日間、家を空けるような訓練には行けません』と言う女性自衛官は確かにいます。だから、そこを組織としてどう考えていくかというのは、今後とても重要だと思っています。震災対処などの任務の際には緊急登庁支援という施策もありますが、平素の訓練などにおいて育児中の自衛官に対して組織で対応するには限りがあるので、自分で対応するしかないですよね。でも親に頼れないので私は訓練に行けません、というのは違うのではないかと思うときがあります」

組織の中で女性全体の評価を上げていきたいし、女性同士で高め合っていきたいという気持ちで任務に臨んでいるようです。

壁を壊す女性たち

女性自衛官がキャリアを形成してくる中で感じてきた壁と、それをどのように乗り越えたのかについてみてきました。

壁をどのように受け止めるのか、については個人差があり、ある人にとってはどうしようもなく大きく強固な壁であっても、別の人にとってはチャレンジとして受け止められていきます。女性たちの話を聴いていると、ジェンダー・バイアスの壁やマイノリティということから生じる壁に理不尽な想いも感じながら、時にはそれを受け流し、応援してくれる人の力を借りながら前に進んでいます。自衛官としての任務を遂行するために特徴的ともいえる

「体力」や「戦闘場面」というところでも、自衛隊の「当たり前」を自分なりに再定義して納得しながら仕事に向き合ってきたようです。

このような柔軟な姿勢や、時には強い気持ちがどこからくるのかといえば、やはり自衛官としての役割に対する強いコミットメントということになります。インタビューにおいて驚いたことは、自衛官として何を大切にしていますか？　という問いかけに対して「自衛官であること」という答えが複数人から返ってきたことです。相談をしていたわけではなかったはずですが、当然のごとくストレートに答える姿は印象的でした。

この強い気持ちが、周囲を巻き込みながら組織を変えていくということにもつながっていきます。社会全体が女性の活躍を後押ししていることとの影響は小さくはありませんが、女性自衛官の筋を通して仕事に向き合う姿勢が、周囲を変えてきたように思います。その意味では、壁そのものを壊してきたといえるでしょう。もちろん周囲とのハレーションはあったはずですが、自分が信じてきたことへの軸を持って、迷わず前に進んできたのでしょう。

しかし、女性の頑張りを期待し、それに依存しているだけでは変化のスピードは遅くなってしまいます。自衛隊の組織も女性の課題を受け止めて、変えるべきところは変えていくという姿勢の重要性を、改めて指摘しておきたいと思います。

第7章

女性自衛官の仕事と子育て

子どもを持つ女性自衛官にとって何よりも大きな壁は、仕事と子育ての両方の責任にどのように向き合えば良いのか、ということではないでしょうか。また、現状では転勤が避けられない自衛官のキャリア形成において、子育てをしながら転勤に対応するには、大きな困難が伴うはずです。もちろんこれから介護に直面する人が増えてくると、介護との両立も大きな課題となりますが、ここでは子育てと仕事との関係について考えたいと思います。

即応態勢の要求

まず、仕事と子育ての両立を考える前提として、両立を難しくしている自衛官の仕事の特徴を確認しておきましょう。

いつ国難ともいえる状況が起こるかわからない中で、自衛官は緊急事態への「即応態勢」、すなわち「いざ」というときに仕事を優先することが求められます。例えば地震が発生すれば、自衛官にはすぐに現場に駆け付けるという要請が発生する可能性があるわけです。幹部自衛官として決断する立場ともなれば、不測の事態への対応の緊急性はより高くなります。この不測の事態に対して、24時間対応が可能であることが大前提となっているところに、自衛官の任務の特徴があります。

第1章で指摘したとおり、「隊員は、何時《いつ》でも職務に従事することのできる態勢になければならない」と訓令に定められており、自衛官には「超過勤務」という概念が基本的にはありません[30]。「何時でも」とは、突発的な事態への対応ということで、そうした事態が発生するのは他の仕事でも同様だと思いますが、自衛官の任務は国防、時には人の命に直結する、この点に特徴があります。女性自衛官もこのことを念頭に置いています。

「私は、子どもに『何かあったらママもパパもいなくなるから』と言っています。自衛官である以上、そういう部分は絶対選べる仕事じゃない、私だけ生き残りますとか言えないと思っています。平和であってほしいという気持ちもありますけど、何か起こったら家を出ていかなくてはいけないということは思っていますね。『危険を顧みず』と宣誓した以上は」

「何かあったら家には帰れないということを常に意識していますし、それは子どもたちにもきちんと言っています。また、命を人のために投げ出さなくてはいけないということも自分の中で覚悟しているところはあります」

このように、「いざ」という事態になったら、自衛官としての任務を全うするという心構えで日々の生活を送っているのです。この強い気持ちはどこからくるのかというと、「服務の宣誓」と、組織の中で醸成された「プロ意識」なのではないでしょうか。家族、特に子どもたちがそれを理解できているかどうかは別にしても、自分の中で「自衛官として」の役割に一本の軸を持って生活をしていることがわかります。

しかし、現実的には、即応態勢という組織からの要求にいつでも対応できるわけではありません。このことは、女性自衛官にとって大きな葛藤になります。突発的な事案に対応できないときは、任務の遂行に支障のない範囲で割り切ることも必要になります。できる範囲で対応する、という意見もあります。それでも「自衛官として」悔いが残る場面は記憶に鮮明に残っているのです。

「24時間、何かあったら対応しないといけないじゃないですか。だけど、夫が単身赴任中で子どもが小さかった頃、平日に休暇をもらえたときに、所属していた部隊の隊長が呼集をかけたのです。私は子どもたちを職場に連れて行くべきか、行けませんと言って良いのかわからなくて。でも、子どもたちは小さいので連れて行けない。子連れ出勤をしたところで何も役に立たない、職場に迷惑をかけるだけなので、『行けません』と隊長に電話するのは非常に辛かったです。なんだか、自衛官として失格って感じがしました。非常時に参集できないのですから。どのような個人の事情があるとしても」

しかし、人は誰しも、常に気を張りつめて緊張感を持ち続けることはできません。気持ちの切り替えも重要です。これはおそらく男性自衛官にも共通することでしょう。

「何かあったらというときについての覚悟はあります。そこは服務の宣誓をしていますし、税金でお給料をもらっていますので。『事に臨んでは』というのはまさにそのとおりですが、平時のときはどちらかというとデスクワークが中心にもなりますし、気持ちを切り替えています。ずっと気を張りつめていたらもたないですよね」

「国の安全のため」という意識を持ちつつも、普段は目前の任務と淡々と向き合いバランスをとることが、不測の事態でパフォーマンスを発揮できる秘訣かもしれません。

離職が頭をよぎるとき

このように、自衛官の任務は、不測の事態といつも隣り合わせといってよいでしょう。不測の事態が起きたときこそ、迅速な対応を国民から最も求められているときなのだということを誰よりも強く認識しているのもまた自衛官なのです。自衛官という仕事に誇りを持っている一方で、子どもにとっての母親は自分だけ、唯一無二の存在です。幹部自衛官としての責任があるのと同時に母親である彼女たちの、双方の役割の間で強く葛藤する声は、どれだけ紹介してもし尽くせないくらいの発言がありました。

まず、思うように子育てができないことから、「辞めようか」という選択が頭をよぎる瞬間があります。

「出産後は、子どもの世話に専念したくて自衛隊を辞めたいと思ったこともあります。保育園に預けるときや発熱してお迎えに行くたびに心が痛み、『私は何をやっているのだろうか』と自問自答していました。でも、そこで踏みとどまったのは、『しんどいことや上手くいかないことは今だけなんだと思えば、気持ちが前向きになる』と先輩に言われたからです。幹部自衛官として仕事の責任が大きくなるにつれ育児との両立が困難になりましたが、家族に協力してもらいなんとか乗り越えられました。双方の親は遠方に住んでいたのですが、私の姉が近くに住んでいたので本当に助かりました。また、部隊の上司や同僚のご家族にも助けてもらいました」

「毎朝、小さい子どもに足にしがみつかれて『行かないで〜』と泣かれた時期が激務の時期と重なっていて、さすがに私は何をやっているのだろうと、とても空しくなったことがあります。当時、一緒に働いている周りの男性は残業が夜遅くに及ぶと『もう帰らなくていいや』と職場に泊まっていたのです。でも、私はどんなに夜遅くなっても絶対に家に帰ろうと決めていて、電車がない時間帯に仕事が終わったとしても、深夜にはタクシーで帰り、朝は子どもを保育園へ送るようにしていたのですが、職場の男性陣が家庭を全然気にせずに仕事をしている姿を見て、うらやましさと空しさを感じた時期があったのです。ただ、私の性格的に、担当している仕事を途中で投げ出すのが嫌でしたので、この担当が終わったら辞めようかな、と思っていて。その時期、仕事の態度がとても投げやりになってしまい、上司に『お前の担当している施策を多くの隊員が待っているんだ。お前の肩にかかっているんだぞ』と言われたときに、はっとしたんですよね」

離職が視野に入ったときに、子育てを助けてくれた人の存在や、仕事への向き合い方を改めて考えさせてくれた上司の存在の重要性が確認できます。その基礎に、女性自衛官が一時的な感情や状況に流されず、先々のキャリアを見据えることで、今の自分の課題に対処しようとする明確なキャリア意識があったといえるでしょう。

任務と母親役割との葛藤

これらの発言にあるように、女性自衛官は日々、任務と母親役割との間で葛藤を抱えながらキャリアを積んできました。一方で、子育てとの葛藤とは距離を置いている男性自衛官の姿が身近にあり、自らと比べてしまうことで、自身の立ち位置への疑問が出てくる時期があったようです。

「昔は男性がうらやましいと思いました。私は子どもを育てていると、何をするにしてもまず子どものことを考えてから、というのがありましたが、男の人はまず仕事のことや自分のスキルのことを考えられるのでいいよねって、そのときは思っていました。若い頃はきつい仕事を担当した方が自分の勉強になると思っていましたので。今は仕事の仕方も覚えて、どこでもやっていけそうな気がしますけど、子育て真っ最中のときは、スキルが一番だと思っていたから、買ってでも苦労してやってみたい、男の人はそれができるからいいな、と思っていました」

子育てによってどうしても仕事に割ける時間が少なくなり、それが自分にとって仕事を覚える重要な時期と重なったとしたら、その葛藤は大きなものがあります。先の発言をした女性は「子どもを持ちながら仕事をする上で大切な心構えは仕事と子育てのバランス。子育てばかりに特化してもだめだし、子育てをしながらも仕事のことも考えるというバランスがとれる強い心が必要ですね」と続けました。仕事と子育ての両者のバランスを、誰かに流されない強い心を持って、自分の中で調整しているようです。そうはいっても、仕事と子育ての間では、いつも不安を抱えているという現実があります。

「私、仕事で悩むことはほとんどないんです。悩むのはやはり家族のことなんですよね。子どもを育てながら仕事をどうやっていくかということは悩みました。子どもが、『お母さん授業参観に全然来てくれない』と言ったとしても、『でも、休み取れないな』となる。当時の職場は男性ばかりだったし、学校行事以外にも子どもが病気になったら休みをいただかないといけないので、参観日で休むとはとてもじゃないけど言えなくて。今は社会も変わってきたので言える環境が整ってきていますが、昔は悩みました」

「子どもが生まれてから不安に思うことは、訓練のときや、ここぞというときに熱を出されたらどうしようということです。行かなくてはならないときに対処できるのは私しかいないので、そういうときはどうしようかと思いながらも祈るしかないのです。幸い、今まで大ごとになったことはありません」

自衛官としての「プロ意識」が高い彼女たちだからこそ、何かあればプライベートを犠牲にしても国のために自分が行かなくてはいけないということを常に意識しています。「国のために」という強い使命感、責任感があるため、その責任が果たせないときの葛藤はより強く深いものになります。そこに自衛官としてのアイデンティティを垣間見ることができます。

この葛藤がピークになるのは、子どもに心配な状況が現われたときなのではないでしょうか。子育てがいつでも順調に進むわけではありません。子どもの不登校を突然知ったというケースもありました。

「自衛官の夫も私も仕事が忙しい時期があって、夫は平日ほとんど家に帰ってきていなかったのです。私は平日は毎日、家に帰るけど、夜中になってしまっていて、毎朝15分の時間を使って子どもたちと話すみたいな感じでした。こんな状況で、やっぱり子どもはお母さんに何も話せないですよね。週末に家族で一緒に過ごしたとしても、下の子がまだ小さかったので、上の子が遠慮していたのでしょうね。私が知らない間に不登校になっていました。『お子さんしばらく学校に来ていませんけど』と学校から連絡をもらって、『えっ』て。仕事も家庭も両方やりたいって欲張りなのかもしれないですけど、仕事が忙しくて、家族に対して抜けが出ちゃったんですよね。失敗はしますよ」

子どものことで何かあれば、子どものための時間をとって解決を図ることになります。今だからこそ「失敗」と明るく話してくれましたが、当時は相当な葛藤があったはずです。

葛藤にどう向き合ったのか

仕事も家庭も、両方の責任を果たしたいという葛藤を抱えながら、ここまで自衛官を続けてきた彼女たちは、何を支えにしてきたのでしょうか。その基礎にあるのは、繰り返しになりますが、周囲に支えられながらも、仕事に対する使命感、責任感と、それを通じて得られる達成感が大切な拠り所だったのです。

「自衛官は即応態勢ですので、何か事が起これば仕事を優先させるというのは、自衛官という職を選んでいる以上はやむを得ないと思っています。私は、自衛官である以上は、仕事を優先させるべきだと思っているので。今は忙しい部署にいて、仕事と育児の両立は大変です。自分で選んで今の部署にきていますが、もし異動させてほしいと上司に言えば、おそらく異動させてもらえるのです。確かに、子どもがかわいい時期に、というのはありますけど、仕事面でも今一番頑張れる時期ですし、今の部署での担当が一番楽しいと思っているんですよね。思ったことが形にできるポストだと思うんです。だから、今の担当であるうちは、仕事を優先させたいなと思っています」

「自衛官の服務の宣誓はまさに私たちの心構えで、いざというときには私生活を捨てて、我々はこの国を守る仕事に向かわないといけない、というのを常に忘れないことは大事だと思います。子どもには泣かれたこともありますよ。テレビで大震災のニュースをやっていて、『こういう状況になったら自衛官のお父さんとお母さんは出動して、家からいなくなるからね。何日帰って来ないかわからないけど、おばあちゃんと頑張って生きていくんだよ』って言ったら、『そんな仕事やだ〜』って言われたこともあります。でも、仕事にきちんと向き合っている女性自衛官たちは、自分の子どもたちにそういう教育をしているのです」

いざというときは家族のそばにいられないかもしれないという現実を、親として子どもに伝えなくてはならないという厳しさがあります。このような現実から目をそらさない強い気持ちがあるからこそ、この後に述べるように、周囲の人たちから支援をしたいという気持ちを引き出しているのだと思います。支援ありきではなく、仕事も子育ても、という気概があってこその両立、という力強い意見が述べられました。

「仕事と家庭の両立が困難なときはあるけれど、何とかするだろうし、多分、何とかなるんです。自分の気の持ちようです。ワンオペは、何とかなるという楽観的なところと、何とかするという気概が必要ですね。子どもが生まれたからといって何かを諦めるのではなく、事の軽重はありますが、やりたいことは全部やっていいと思います」

そうはいっても、子どもに自衛官の任務を理解してもらうことの大変さは容易に想像できます。ただし、子どもたちもそうしたお母さんの姿を前向きに受け止めており、それが女性たちの気持ちを支えている部分は大きいようです。

「子どもたちが、すごいお母さんのことを自慢してくれます。もし子どもが私の知らないところで、『お母さんいつも家にいない』とか、『いつも寂しい思いをしているのに』って言っているとしたら、それは辛い思いをさせてしまったかもしれないのですけど、『俺の母ちゃん自衛隊で災害派遣にも行っているんだ』と周りのお友達とかに言ってくれるのは、良かったなと思っています。子どもの教育にとっても、自衛官として仕事を頑張り続けてきたことは良かったなって思うんですよね」

「子どもがいることはキャリア形成のハンディキャップにならないと思います。女性が子どもの面倒をみなくてはならないという意識は根強く残っている、もしくは女性自身がそう思い込んでいるかもしれませんが、それは違うと思います。意外と子どもは親以外の誰かとの世界で成長するもんだなと実感しています。私の場合、朝早く出勤するため、前日の夜に息子が私の朝食用のおにぎりを握ってくれています。逆に私が育ててもらっています」

子育てとの葛藤の乗り越え方の一つは、長い時間軸の中で「今」を考える、ということでしょうか。大変なのは今、ここを過ぎれば何とかなる、という前向きな気持ちも重要です。

「私は、今は子育てを優先して勤務ができれば良いと思っているので、勤務時間に見合った仕事量にしてもらったり、保育園に子どもの送り迎えができる勤務形態を選ばせていただいています。子どもの面倒をみてくれる人がいたり、いろいろな手段がありますので、お子さんがいらっしゃっても仕事を優先する自衛官の方もいます。なので、自分が何に重きを置いてやりたいか叶えられる環境にはあると思います。限られた時間の中で自分がどこまで仕事に時間を費やして、どこまで育児に時間を費やしてって自分の塩梅で変わってくるところだと思うので、何を優先するかをよく考えて、仕事の仕方を決めると良いのではないかなと考えています」

職場の中で、働き方の選択肢が増えてきたことで、子育て後のキャリアを長期的に見据えて、そこから逆算して今どうしたいのかを問い直す、ということができているようです。

また、子どもへの心配を抱えながら仕事をすることが、周囲に迷惑をかけてしまう、という意見もあります。自衛官としての職責を全うできないことによる葛藤、仕事をしても子どものことが気になって仕事に打ち込めない葛藤、二つの葛藤の間で気持ちが揺れ動くのです。

「私がずっと計画してきていたミッションの直前に、息子が発熱しました。後ろ髪を引かれる思いでファミリー・サポート・センターを利用して子どもを預けたのですけど、心ここにあらずでした。子どもの具合が悪いのに、ほっぽり出して『自分は仕事を取ったんだ』っていう子どもに対する後ろめたさ、申し訳なさをすごく感じたので、その経験があってからは何を言われようとも、『すみませんがお休みをください』と言うようにした方が、任務の安全な遂行にもつながるので良いと思いました。不安な気持ちでミッションに臨むとミスをしてしまうかもしれないので、何か気になる家庭の事情があったら、職場にはきちんと相談するように女性の後輩にも言っています」

葛藤への対応は、しっかりとメリハリをつけていくことも大切なようです。

両立のためのリスクヘッジ

彼女たちは、仕事上での「いざ」に臨戦態勢ですが、家庭で起こる「いざ」に対しても、普段から様々なリスクヘッジをしています。ここにも、自衛官の不測の事態への対応力が発揮されているようです。

まずは、子育て側のリスクヘッジです。子育ては、パートナーと親を中心とした親族が心強い味方ではありますが、それだけでは安心とはいえません。

「私の場合は、親が四六時中子どもの面倒をみに来られるというわけではないのですが、基本的に両家の親が『何かあったら言ってね』という感じで仕事に対して理解があります。ただ、両家とも対応できないときはシッターさんにお願いをしたりして、何重にも選択肢を確保しておくっていうのが大事だと思います」

働いている女性にとって親族以外のネットワークを作るのは、地域の人と知り合うチャンスが少ない、時間がない、ということで難しいのですが、子育てのセーフティネットは欠かせないものと考えて、積極的にネットワークを広げています。子どもの同級生の家庭や近所の支援も積極的に引き出します。

「家族だって守りたい、守りたいけど、何か事が起こったときに『行けません』とは言えないから、子どもを預かってもらう手段は、異動をしたらまず最初に探します。何かあったら子どもを預かってくれる近所の人を探して、断られてショックなことも結構ありましたが、何とかいいですよって言ってくれる方を見つけて。台風で小学校が急に休みになったときに、子どもの同級生のお母さんにお願いしたこともあります」

「今はマンションに住んでいるのですが、その中で支援してくれる人をたくさん獲得しようと思って、最近、近所付き合いを頑張るようにしています。信頼関係を築いて、いざとなったら『よろしくね』と言える人を自分の家族以外で確保しようとしています」

もう一つ、職場サイドへの働きかけでも、リスクに備えた対応を心掛けています。

「子どもが急に熱を出したりするので、保育園はお泊まりができるところを探しました。でも、あまり子どものことばかり気にしていたら職場にも迷惑をかけると思って、親に子どもを預けられるときは当直勤務に就いたりとか、できるときにきちんと仕事することを心掛けて、本当に子どものために休まなくちゃいけないときは休めるように、日頃からしていましたね」

どうしようもなくなったときには、子どもを職場に連れていくことで対処します。

「忙しい任務に加えて人事業務も兼務していた頃です。自分の家庭が大変でも、隊員の人生もかかっているので、仕事はしなくてはなりません。子どもが発熱などで登園禁止になったことも結構あったので、職場に子どもを連れて行っていましたね。子どもが元気でも、何かしらの事情で保育園に通えない日があるんですよ。そういうときは、仕事はお休みをいただくのですが、職場に子どもを連れて行って業務処理していましたね。夫と午前と午後に半分ずつ休暇を取ることもありました」

仕事を頑張る環境を整えることで、仕事と家庭の好循環を意図的に作り出しているようです。そうすることによって、職場からも家族からも信頼されることにつながるのでしょう。

組織からの制度支援

それでは、具体的に仕事と家庭のバランスを図るために、自衛隊の組織はどのような対応をしてきたのでしょうか。

仕事と子育てを両立させるためには、職場の制度面でのサポートは重要です。第1章でも述べたとおり、自衛官には基本的に国家公務員の両立支援制度が適用され、産前・産後休暇、子の看護のための特別休暇、育児休業などの他に、フレックスタイム制も利用できます。一方で、自衛官は24時間勤務が前提となっているので、事務官等が利用できる育児短時間勤務

（子どもの小学校就学始期まで利用可）や超過勤務の免除・制限[31]については、適用されません。

自衛官という職務特性から、一部利用できない両立支援制度もありますが、こうした制度内容については、肯定的な意見が大多数です。自衛官は国家公務員ということもあり、制度は適宜整備がなされていく環境にあります。一方で、これも他の組織と同様ですが、制度の認知状況や利用に対する受け止め方については、組織により温度差があり、この点の課題が残っているようです。

「幕僚監部も働きやすいですよ。自衛隊には両立支援制度がたくさんあるわけじゃないですか。そして、そういう制度があることについて周囲の理解もありますよね。皆が利用をしているかというと、必ずしもそうではないかもしれませんが、知識として制度を知っているというだけでも全然違いますよね。ある部隊にいたときは、『両立支援制度って何？』みたいな感じだったので」

「仕事と育児の両立には、自身の組織制度の理解と上司との意思疎通が大前提となります。制度はある程度できあがっているものの、組織文化が追い付いていない場合が往々にあります。これには、組織内の意識改革、両立支援制度の周知徹底も必要です。目の前の問題を場当たり的に処置したり、我慢するだけでは何の解決にもなりませんから」

制度があっても、それを使える環境がなければ意味がありません。

「今の職場になって、両立支援制度を使うかどうか検討はしました。仕事が終わる定時よりもうちょっと早く切り上げて子どもを迎えに行きたいなと思っていたのですが、まず私の周りで制度を利用している人がいないということと、夕方から会議が始まったりすることも多くて、定時になったからといって帰宅できるような雰囲気でもなくて。これはどう考えても無理かなと思って、今は特に制度を利用していないです」

周囲の働き方が猛烈すぎて制度利用を申し出ることができないというのは、民間企業でもみられる実態です。制度が真に「両立支援」という機能を発揮できるために、制度利用に関わる職場の環境整備が不可欠です。

子育てと転勤

第4章で、自衛官には定期的に異動があり、時には転居転勤が発生すること、そして意外にも女性自衛官自身が転勤に肯定的なことを紹介しました。

そこで気になるのは、転勤に際し、子どもがいる彼女たちが、家庭生活との調整をどうしたのか、ということです。実は、本書の女性自衛官のほとんどが家族と離れて暮らす経験をしています。夫と別居する形で結婚したという人や、異動の際に夫を残して子連れで赴任したという人もいます。組織サイドでは、夫婦や家族がなるべく同居（近居）できるようにするなど、異動について配慮を行っているようです。

「異動先については自ら希望した部分もありますが、夫も自衛官なので、転居が多くて単身赴任も多いんですよね。子どもがまだ中学、高校という時期だったので、私は自宅から通えるところに勤務できるように職場に配慮してもらえていた感じがします」

「転勤については女性に対してのみならず、各種事情を抱えた隊員に配慮はしてくれているると思います。ただ、例えば、子どもが何歳になるまでは引っ越しを伴わない程度で異動させるということが規則などに明文化されているわけではないので、上司が面接などで聴いた本人のライフプラン上の希望と組織ニーズの調整をしてくれています。私の知っている範囲で、子どものいる女性自衛官がとんでもないところに異動させられたというのは聞いたことがないです」

転勤や異動において男女差がないという原則があるものの、子育てという家庭の事情がある場合は、上司に相談することなどによって配慮してもらえる環境であると感じています。もちろん、どのようなキャリアを歩んでいきたいかという考えは人それぞれで、子育て中でも全国転勤を厭わない人もいますので、現場のコミュニケーションの中で事情を聴いて対応しているようです。プライベートに関する事情や今何を優先させたいかということを、きちんと上司や人事に伝えるというアクションを起こすことで周囲の理解を獲得しています。とはいえ、ポストに限りがある以上、全員の希望がタイミングよく叶うとは限らないので、組織からの要求に従わざるを得ないことはあるでしょう。現時点では、まだ女性が少ないのである程度は配慮ができているかもしれませんが、今後女性が増えると、自衛官の転勤対応は難しくなりそうですし、この問題はまさに男性自衛官にとっても重要な課題となります。

効率的に働く

仕事と子育てを中心とした家庭との両立のためには、本人の業務遂行の工夫も重要です。端的にいうと、いかに効率的に仕事を行うか、ということになります。子育てをしている女性は時間の使い方が違う、というのはよく耳にする話です。男性も育児休業などを経験すると、子育てに主体的に取り組むようになり、効率的に時間を使って仕事をこなし、帰宅時間が早くなるというケースが多いようです。

仕事も家庭も全力投球の自衛官は、限られた時間をフル活用するという意識が染み込んでいます。

「出産後、いかに時間をかけずに最高のパフォーマンスを出すかっていうことを意識しています。本当に働き方や意識が変わりますね。例えば、通勤電車の中で、あの案件はこうしてああしてこうやろうって考えて、職場に着いたらアウトプットの時間だ、みたいになっています。こういう感覚は強くなりますよ。家に帰ったら、あれしてこれして、今日も一日が終わった、となるので、何事もどんどん効率が良くなる気がします」

「出産後、仕事のやり方は変わったと思います。自分のためだけに時間を使えるわけではなくなったので、より効率的に仕事をしようと思っています。単位時間当たりの仕事量ということがいわれますが、本当に切迫して仕事をしているのですよね。例えば、週末の土日をあてにできない仕事の仕方はきつく感じます。忙しいときは、週末に休日出勤した方が翌週からの検討ものとかの仕事がはかどるので、腰を据えて仕事をやろうと思ったらその方が良いと感じます。ただ、育児中は休日を割いてまで仕事をする時間はとれませんので、日頃から効率的に仕事を進めることを意識しています」

このように、出産を契機に、１日が24時間しかないこと、土日を使えないことを改めて認識し、効率性や生産性を高めて業務に臨むようになるようです。一方で、自分にとって時間がとても重要なものと感じるからこそ、周囲の働き方には疑問も出てきます。

「子育ては、子どもが生まれてからずっと大変で、高校生くらいになってやっと楽になったような気がします。保育園のお迎えの時間に間に合うか間に合わないか、みたいな、常に時間との闘いです。私はお迎えがあるんだよ、もっと効率よくミーティングやってほしいと思ったことはありました」

子育て中の女性がいることによって、職場全体の業務効率化を考える必要性が出てきます。

「育児に時間を割かなくてはいけないということは戦力が一人抜けるわけでもあるので、その抜けた分の負担がいく人が他にいて、そこをどうやってマネジメントしていくかということが一番大変だと思いますね。産休・育休などを取る人がいると、その分の業務負担は残るわけですよね。あとは上司がどうやって職場をコントロールするか、ということに尽きるのではないでしょうか。業務を効率化したりしてそもそも量を減らすための管理能力が重要になります」

この発言は、時間制約のある全ての人に当てはまります。別の女性自衛官からは、まさに、このようなマネジメントを自らが実践しているという話を聴くことができました。

「私が部隊指揮官をしていたときは、部下にも家族がいるわけですから、『家族を大事にしなさい』と男女問わず言いました。誰しも、プライベートが上手くいかないと仕事では良いパフォーマンスは発揮できないと、私自身の経験を通じて悟ったからです」

仕事と家庭を切り分けて考えるのではなく、一連のものとしてとらえている様子がうかがえます。また、自らの経験をしっかりとマネジメントに活かしている点も重要な点です。部下や後輩の子育てへの視線も、子育てとの葛藤を乗り越えた経験が活かされています。

積極的な自己開示と情報共有

家庭のことを職場に持ち込むべきではない、という職場の文化はそろそろ遺物となり、仕事の責任を果たしてもらうためには、組織として個人の事情を知っておく必要があると考えられるようになっています。子育てだけでなく家族介護が必要な人も増え、家庭で起こることが仕事に影響するという状況が、働く人の共通項となってきました。ともに働く職場の人に対して、自分の私生活の状況を理解してもらう、ということも重要です。

「自分の子どもの状態とか、家庭の状況はなるべく周りには話すようにしていて、例えば、子どもが風邪をひいているということを、共有するようにしています。それから、自分の仕事の進捗についても、急に休んだとしてもフォローしてもらえますので、周囲との共有を意識的にやっています」

「配置にもよりますが、自分の代わりがいない配置、特に○○長とか指揮官になったときは、プライベートのことに対応できないときもあるということを家族にちゃんと伝えておく必要があると思います。自分以外に代替要員がいる場合は、『子どもが小さいので、病気とかで急に抜けることがあります』とあらかじめ職場に伝えて、自分が担当している仕事を必ず周りと共有しておきます。万が一、私が抜けてもチームとして対応ができれば大丈夫だと思います」

自分の仕事の進捗状況や家族の状況について積極的に周囲とコミュニケーションを図っているのです。仕事が滞ることがないよう、事前に情報共有をすることにより、粛々と任務が遂行できるように職場への配慮は欠かさないということです。

職場の理解

職場に対する細やかな気遣いによって、子育てをしながら働きやすい環境を女性自衛官自らの努力で作り出しているという側面がありますが、周囲の支援についてはどのように感じていたのでしょうか。まず職場の状況です。

「子どもが病気しがちだったり、ある程度大きくなっても学校のイベントがあったりというときに、ワーク・ライフ・バランスといいますか、それぞれの個人が大事にしているところを職場も理解ができるようにということを職場で考えてくれています。子育て中の今、職場の理解はあります。助けられているからここまでくることができたと感じます。周りの人の理解がなかったら、そこで自衛官を辞めていたかはわかりませんが、仕事を続けるということへのハードルが上がったと思います」

「仕事を続けるに当たっては、職場の理解がとても大事だと思います。本当に今の職場は、いろいろなことを考慮してくれて、やるべき仕事をやらせてもらっている状況なので、例えば、残業してやらなくてはならないような仕事量を与えられていたらやっていけないかなと思うところはあります」

このように、職場の中で、子育てをしている事情や個人の希望が考慮されています。また、良い意味で割り切ることが必要との意見も多く聴かれます。割り切りに関して、職場も前向きに受け止めてくれているようです。

「子どもの保育園のお迎えのために時短勤務させていただいていることについては、もう割り切っています。ここまでしかできないというのは心の中で『ごめんなさい』と思うのですが、できる範囲で一生懸命やっています」

「即応態勢の準備は常にしていますが、今ここでは頑張りすぎないと思って割り切ることは必要だと思います。私の経験談ですが、保育園のお迎えが遅くとも19時までで、18時50分には職場を出ないと間に合わなかったのです。そのとき、今、自分の軸足はどちらだろうと考えて、18時45分になったらどんなに忙しくても仕事を終わらせていました。それについて、後ろ指を指す人もいるけど、逆に潔くて良いと言ってくれる人もいました。どちらかというと、私の職場は後者が多かったですね。オンとオフがしっかりしているとみてくれていました。（休日の）今日だって私は職場に来ていて、子どもは塾に行っていますが、家に帰ったら子どもと一緒に晩御飯を食べるし、昨日の夜も人生ゲームをやりました。ちゃんと仕事と家庭は分けていますよ」

割り切るためには、オンのときの貢献意識が重要です。女性たちはメリハリのある仕事のやり方を追求しており、それによって効率的な働き方を実現していると考えられます。そしてこのような言動が、周囲の支援を引き出していくようです。

「仕事と育児の両立については、とにかく一生懸命すること、だけかな。本人が一生懸命にしていたら、周りのみんなはわかってくれると思うんですよね。確かに、いろいろと育児に関する両立支援制度はあるけれど、それに甘えることが当たり前という雰囲気を出しすぎてはいけないと思います。みんなで一緒に働いている中で権利ばかりを主張するのではなくて、できることはやろうという気持ちを持っていれば絶対に仲間が助けてくれるし、将来も両立していけるし、大丈夫だと思うんです」

結局のところ、職場の理解は本人の努力する姿勢から得られるものであって、それらは表裏一体のように思われます。同じ家庭は一つもありません。自分の経験やいわゆる固定観念にとらわれることなく、自分のできる範囲で努力することが壁を乗り越えることにつながるようです。

上司のサポート

女性自衛官が男性社会でぶつかる壁を乗り越えるときと同様に、子育てをしつつ自衛官の仕事も全うしていきたいという壁を乗り越えるときも、上司の支援が重要です。

「昔は、育児をしている隊員に対して当直を免除するという考えがあまりなかったのですが、自分の司令が『お前は子ども二人育てながら当直にも就くなんて無理だろ』と言って、私のことを見ていて直接声をかけてくれたのです。それから、『もったいない、お前、絶対自衛官辞めるなよ』とも言ってくれて。あの当時、仕事を辞めたいと思っていたから余計にその言葉が心に響きました」

「すごい大変な時期があったんですよ。お義母さんの調子が悪くなって、自分一人で子どもの面倒を見なくてはならなかったのです。そんなとき、私が早朝出勤も残業もできないのに、年上の先輩が常に私をサポートにつけてくれて、いろいろと教えてくれたんです。おかげで、私もいろいろな人たちのサポートができるようになったので、価値が発揮できたんですね。そういう働き方があることに気付いたんです。私は人に比べて75%しか働けなくても、価値があるって気付けたんです。そのときの司令官が、『自衛官は男でもまともに仕事をするのが大変で、君は子どもを育てながら自衛官をやろうというチャレンジをしている。すごく大変だと思うけど、君が頑張るなら僕は応援する』って私に言ったんですよ。なぜこの人は私のこと見透かしたみたいに言うんだろうって思いました。私にとってのプラスの転機でした」

直接的に言葉をかけられたことも十分に心に響いている様子ですが、実際に仕事をやりやすくしてもらったり、仕事を任されるなどの具体的な対応があることで、子育てをしながら仕事をすることへの自信につながっているのがわかります。部下の性別や家庭環境の違いによって区別はしないけれども必要な対応をする、という上司の姿勢が、女性の前向きに仕事に取り組む意識、また長期的に自分のキャリアを考える姿勢を高めていました。

一方で、子どもがいることを理由に不本意な扱いを受けたことがあるというエピソードも聴かせてもらいました。

「子どもがいると、泊まりの勤務ができないとか出張に行けないとか、そういうのは残念だなって。子どもがいてもできることもあるのだから、海外勤務とかもさせてくれたら良いのにと思ったことは何回もありました。子どもがいるから遠くには行かない方が良いとか、近場の方が良いとか、そういう経験はありました」

「選抜されて米陸軍で数カ月研修する予定であったものの、妊娠が判明し上司に報告したところ、私はその研修対象者から外れました。また、育児休業明けに自分が行く予定であった海外研修も、本人の意向を確認することなく組織上の配慮ということで別の人が研修に行くことになっていました。悔しくてショックでした。どうして本人の意向を確認してくれないのだろうと」

つまりポイントは、部下とコミュニケーションをとって納得を引き出して任せる、ということでしょう。きちんと本人の意思を確認することが大切なのです。妊娠や子育てをしている女性に対して、納得感がないままに一方的に配慮されることが起こりがちで、自分はできるのに外された、というようにネガティブに認識してしまう原因となってしまいます。

先輩ママの存在

子育てをしている彼女たちにとっては、数少ない同じ境遇の女性自衛官は、ロールモデルともいえる存在です。

「初任地に四つ上で子どものいる女性の幹部がいて、『あのようにすれば続けられるんだ』というのはみていました。自分が同じ状況に置かれたときは、それをこなしてきた人をみています」

「技官の方だったのですが、その方が出産した時代は育休がなく、産後2カ月で復帰したり、あまり周囲の支援も得られなかったけど、こういう風にしてやったのよというのをすごく教えてくれて。その方が上司だったときに私が1人目を産んで、仕事と育児の両立は大変だと思いながらも、いろいろ励ましてもらいました。仕事をやりながらも子どもをちゃんと教育しているし、要領も良くてタフだなって思ったし、仕事は疎かにしないのですが、ここぞというときは子育てを優先していたりしていて、そういう意味では私の中でロールモデルのような存在です」

一方で、自身が子育てで深い葛藤を経験したことから語られる言葉が刺さります。

「私はロールモデルになりたいと思わないです。私と一緒に仕事した人は私のことを（若い女性自衛官に）話すわけですよ。訓練に何回も行って、子どもを育てながら隊長も経験しているんだよ、って。言葉で言うことは簡単だけど、実情はとてもじゃないけど簡単なことではない。『そういう人もいるんだからお前も頑張れ』と言われた人はかわいそうだなって思うんですよね。私がどれだけ周りの人に迷惑をかけて、子どもにも負担をかけてやってきたかは伝わらず、きれいな結果だけを伝えられた若い子たちは『何で私できないんだろう』って思ってしまうのではないかと心配で。まずは自分の人生は自分で創るというものが根底にあって、参考までに私の経歴をみてもらうのは良いことだと思いますけどね」

女性幹部自衛官として先陣を切ってきた女性ですが、自分自身の経歴や実績という側面だけに焦点を当ててモデルとみられることが気がかりとなっているようです。そこには、頑張ればできる、といういわゆる根性論だけではなく、子育てをする自衛官が働きやすい環境がもっと整備されれば、自分たちが経験した苦労は次の世代に引き継がないで済む、という後輩への温かな眼差しがあります。

パートナーとの連携

子育ては、自分一人だけで対応するのではなく、当然パートナーも一緒でないと回っていきません。パートナーの関わり方は人によってそれぞれというしかありませんが、女性自衛官はパートナーも自衛官というカップルが多く、今回のインタビュー対象者も20名中8割以上がパートナーも自衛官でした。

パートナーはもちろん、親などの親族から子育ての支援を受ける前提として、自衛官として身の危険がありながらも仕事を続けていくことに、家族の理解を得られているということがとても重要です。入隊時には、親族から反対や心配の声があったというケースを紹介しましたが、夫が自衛官であっても、そもそも自分が仕事を続けることに理解をしてもらうのが大変だったという経験をしている人もいます。自衛官という仕事に周囲の人の理解を得る必要がある、というのは、少しハードルが高い点かもしれません。

まず、妻が自衛官として働くことに対するパートナーの応援を紹介しましょう。

「育児が大変なとき、私が『もう辞めたい、辞めていいかな？』って自衛官の夫に言っていました。当時は、奥さんに家庭に入ってほしいとか男の人は平気で言っていたけど、その時代の男の人にしては珍しく、私の夫はそういうことを言わない人だったのです。『仕事辞めるとか絶対無理だよね。専業主婦も似合わないよね』と言われて。私のことよくわかっていますよね。それで、『仕事辞めたらもったいないし、続けてみれば？俺もなかなか仕事で家にいられないかもしれないけど、できるときはやるからさ』みたいなタイプだったので。私の場合は、そういうところも恵まれていたと思います」

「最初から仕事を辞めるという気持ちはもちろんありませんでしたが、心のどこかで結婚を逃げ道にしていたような気がするんですよね。もし何かあったら、結婚して家庭に入るのもまた一つかなって。でも、結婚した人が『数少ない女性の幹部自衛官が活躍するのを間近に見られることは嬉しい』ということを言ってくれたんです。その頃、漠然と仕事に対するもやもや感があったのですが、その言葉に救われて、今仕事を続けられているところもあるんです。こんな風に思ってくれる人もいるんだ、って」

このように、パートナーからの後押しを受け仕事を続けてきています。その上で、パートナーとはどのように役割を分担しながら子育てを乗り越えてきたのでしょうか。

「子育てをしながらも仕事も続けられたのは、夫の支えがあったからです。すごく忙しい時期で土日もずっと職場にいたとき、子どもは夫がみてくれました。大変であることを理解してくれていたのだと思います。子どもの入学式とか卒業式とかも全然行けていなくて、子どもたちからしたら母親の存在感はなかったと思いますね。他にも家に帰れないくらい忙しいときもありましたが、今思えば、全部夫がやってくれていました」

「自衛官の夫は7、8回、単身赴任をしていました。夫と同居しているときに、夫が早く帰って来られる部署だったので、お弁当だったり、夕飯の準備を結構してくれたのですごく助かりました」

総量としての家事育児時間は妻の方が多かったのかもしれませんが、パートナーもできるところで妻の支えとなっていることに、感謝の気持ちを持っています。家事育児の分担が圧倒的に女性に偏在している現状を踏まえると、おそらく、妻の家事や子育ての状況をみて、夫側がこのように感謝の気持ちを表明することはないのだろうと思うと、またここで女性自衛官の頑張りや謙虚さに頭が下がる思いです。しかし、男性の子育てというものへの社会の理解が追い付いていない現状ではやむを得ないのかもしれません。これは、次の発言で痛感したことです。

「夫の部署は女性自衛官が全然いないところで、子どもの事情を理由に勤務調整をする男性がいなかったので、夫が子どもの病気とかを理由に休みたいと言えない雰囲気があり、かつ、上司もすごく厳しい方で、『いつ何時でも子どもが預けられる保育園を探してこい』と言われて、夫婦二人で泣きそうになりながら保育園を探したこともありました。私が仕事に行くということは、夫が子どもの面倒をみなくてはいけないということ。でも周囲に男性がそういうことをしている人は少なくて、すごくしんどかったみたいです。私が幹部自衛官として頑張っているということを頭では理解しようとしてくれていたのですが、なかなか気持ちがついていかなかったようです」

女性の子育てにおける職場の理解の重要性を述べましたが、男性が子育ての責任を果たす際にも、職場が「男性の子育て」を自然に受け入れることが重要であるエピソードです。

「ある部隊で、すごく働きやすいなと思ったことがあります。それは、子持ちの女性自衛官ももちろん多いのですが、男性自衛官で早出遅出勤務という柔軟な働き方をしている方もいて、何かしら家族へのケアが必要な人が周囲に多かったんですよ。私も子育て中で苦労していましたが、男性も同じ境遇か、もしくはそういったことを経験している方が多かったので、そういう意味で、働きやすい部隊でしたし、希望をすれば、自衛隊は男女問わず考慮してくれる組織だと思いました」

子育てというのが男女共通の責任として認知されていくと、女性の働き方も大きく変化します。女性だけが子育てをするのではなく、男女が子育てをすることによって、職場の子育てへの向き合い方が変質していくのだと思います。

親からの支援

女性自衛官が子育ての壁を乗り越える上で、親族、特に親の支援が語られます。親に子どもの面倒をみてもらった経験があるということについては、ほぼ全員の声でもありました。自衛官同士のカップルが多く、大きな災害で派遣要請があると、夫婦とも現場に行かなくてはならない事態が発生します。そこで親など身近な親族の支援が必要になります。

一時的に親族と同居し、家事や子育てのサポートを全面的に受けられる体制を整えるケースもありますが、頻繁に転勤がある自衛官に親が帯同することは現実的に難しいことも多いため、夫婦だけでは対応しきれなくなったときに、臨時的に親から支援を受けるのが主な形になっているようです。

「（自分が任務のときに）自衛官の夫が本当に頑張ってくれました。でも、二人とも長期間不在になりそうな緊急時には、私たちの親に来てほしいと伝えています。例えば、東日本大震災のとき、私はずっと空輸の任務に就いていましたし、主人は被災地に行かなくてはなりませんでしたので、親に来てもらいました。東日本大震災のときはちょうど春休み期間でもあったので、子どもたちを空港まで送って飛行機に乗せて、親の実家の空港に着いたら、祖父母に引き取ってもらうとかもしましたし、緊急時はこういう風にしようということは親に話していました」

「自衛官の夫が単身赴任中のときですが、たまに一定期間の演習があって家を不在にするときは、さすがに一人で面倒をみることが難しかったので、どちらかの実家に子どもを預けていました。子どもを駅や空港で親に引き渡して。基本的には、もう私たちは独立している家族なので、あまり親に頼りすぎないようにしようと思ってはいますが、年に1、2回は親に預けるような感じです。何より子どもが頑張りましたよね」

親の支援があって任務が無事に遂行できた、という部分は、果たしてそれが本来のあるべき姿といえるかどうか気になるところでもありますが、女性自衛官の仕事への熱意が、親からの援助につながったのだと思います。

外部サービスの活用

親族の支援が難しい場合には、外部のサービスも活用しています。

「出産してからは、家事は一人で抱え込まないようにしようと思っています。ある方から、ホコリで子どもは死なないので、掃除が完璧にできていなくても良い。掃除をしなきゃしなきゃと思うよりも、ニコニコして子どもに向き合った方が良いと言われたり、母からは、専門家に頼めばいいじゃない、あなたが育てるより保育園の先生が育てた方が良い子に育つわ、とか、お料理ができないなら得意な人に作ってもらえばいいじゃない、って言われたりもしました。そうすれば自分自身が精神的に不安になることもないですし。頻繁に来ていただいたシッターさんも子どもたちに良くしてくれたので、専門家に頼めばいいんだと思って、自分で全部抱え込まないようにしています」

「職場から呼び出しがあって、夫婦二人とも早朝出勤しなくてはならないときは、ファミリー・サポートを使っていました。運の良いことに、3組ほど支援していただけるご家庭があったので、誰かしらに預かってもらうことができて、すごく助かりました」

自分なりに優先順位を立てて、頼るところは頼るというバランスの中で仕事と子育てに向き合っているといえます。

「全てが全て思いどおりにできないということを仕方ないと思えないと、自衛官を続けられないよね、と同期の女性と話をしたことがあります。仕事も家事も育児も100ずつやりたいですけど、時間も体力も限られている。例えば、他の人が80で頑張っているようなことを自分は60しか資源投資ができない状況に耐えられないと、苦しいのだと思います。あとはその60の資源投資で80の資源投資をしている人と同じ成果物ができるかというスペックも必要になるとは思います」

これからも自衛官として社会に貢献していく自分の将来を見据えているので、長期的な視点を持ち、目の前の小さなことにめげることがないのです。

それでも葛藤は続く

仕事と子育ての両立は、女性自衛官にとって最も大きな葛藤が生じる場面であると同時に、ここを乗り越えることで、組織に対する想いが強くなるという側面もあります。確かに女性自衛官は、様々にリスクヘッジをして、仕事に前向きに取り組むことで周囲の支援を引き出しています。しかし、女性自衛官の「頑張り」に依存しているのでは、後に続く女性自衛官の道を広げることにはつながりません。頑張る先輩女性を目の当たりにして、「自分はあんなにできない」と考えて引いてしまう女性もいることでしょう。

親族の支援で乗り切ったという意見が多かったのも少し気になる点ではあります。時には親と意見が衝突することもあります。

「部隊にいたとき、何かあったときに対応できなくてはいけないということで、子どもを親に預けていました。最初は面倒をみてくれましたが、兄弟もお願いとなると大変じゃないですか。それが原因かどうかわからないのですが、母が体調を崩してしまったんですね。子育てについて父からもいろいろと言われ、職場からも緊急事態に対応するため訓練終了まで残るよう言われ、結構、堪える時期もありました。実の親に言われると、私も意固地になっちゃって『じゃあ、自分でやる！』と、強がってできもしないことを言ってしまったりするのですが、結局、無理があるんですよね。そこで、親と話し合って、負担はかけすぎないようにして、私自身、頼りきっていた姿勢を見直してお互いに意思疎通を図って何とか乗り切れたのかなと思います」

仕事と子育ての両立への対応は、職場だけでも無理ですし、個人で対処するにも限界があります。ともすると職場の制度に過度な期待を持って、様々な制度を要求しがちになり、職場は両立支援のために経営しているわけではない、という苦言を述べる人事担当者も少なくありません。一方で、個人の頑張りに依存していれば、それによって離職やモチベーション低下という状況に人材活用面での問題が生じます。

即応態勢という自衛官の任務の特殊性に立ち返ってみて、組織として子育て、そしてこれから増えていくであろう介護や病気治療等との両立に、どのような支援ができるのかということが引き続き検討され、様々な事例が蓄積されていくべきでしょう。多様な働き方が受け入れられていくことによって、自衛隊におけるキャリア形成が自衛官にとって、より幅のある、深みのあるものとなることを願うばかりです。

仕事と子育ての葛藤や、それを乗り越えた女性自衛官は、強靭な精神力で今があると思いがちですが、時々の葛藤や不安は、精神力だけで乗り越えられるものではなかったはずです。こうした自身の苦労があるからこそ、後に続く女性、そして女性だけではなく様々な事情を抱える全ての自衛官に対しても目配りをしています。その発言を紹介します。

「いつも『お互い様』って考えています。自分が１２０％働けるときは働けば良くて、今、80％しか働けないのであれば、その80％で成果を出せば良いということを言っています。男性だって、怪我をしたりして休むことだって当然あって、そういうときは、他の人に負担が分散されるわけで、でも自分がそういう状況にいつ置かれるかわからないので、『お互い様』ってことで常にサポートしましょうと。子育ては最も大事な安全保障だと考えているので、それを社会で分担しよう、社会で子どもを育てましょうと思えば、職場で子どもを育てる人もサポートするのは当たり前のことで、気兼ねなく『お互い様』で、負担を分散すれば良いと言っています。私自身、80％『しか』働けないことで悩んでいたので、それは悩まなくて良いのだと周りに伝えています」

「子育ては大事な安全保障」という言い方がとても自衛官らしいのですが、子育て責任と任務との間の葛藤の乗り越え方は、一人で抱え込まずチームで乗り越える、という点にありそうです。ここにもチームが一致団結し、強さを作り上げる自衛隊らしさが表れていました。

第8章

自分らしいキャリア

幹部自衛官として働き続けてきた女性たちが、どのようなキャリア意識で働いているのか、様々な壁をどのように乗り越え、また時には壊してきたのか、について考えてきました。自衛隊という組織でキャリアを形成する女性自衛官の語りを紹介することで、女性がキャリアを形成する過程で感じる葛藤や職場に対する疑問、一方で苦労や葛藤を経験したからこそ語られる仕事や仲間に対するポジティブな感情、さらに組織や家族との関係構築など、働く女性全般に共通することを、シャープに切り取ることができたのではないかと思います。

最終章の本章では、女性自衛官のキャリアの特徴を総括しながら、「自分らしいキャリア」について考えたいと思います。

女性自衛官のキャリア

女性自衛官のキャリアの特徴についてまとめておきましょう。

【第2章】では、自衛官になった理由を取り上げました。「自分で選んだ」という自己決定が特徴です。自衛官になったきっかけは「たまたま資料を見て」といったケースも少数ではないのですが、自衛隊という、一般の女性からみると民間企業とは違う「特別な組織」で仕事をすることを選んだ積極的な理由が、全員どこかしらに存在しています。男性が多い、規律が厳しいというようなネガティブな現状はそれほど問題視されておらず、国や社会を守る組織ということへの魅力に加え、他の人と違うことを楽しみたい、チャレンジできる機会、として自衛官の仕事を前向きに選んでいます。仕事を選んだときの「自己決定」の強さは、仕事で直面する壁や葛藤に立ち向かう原動力となっていきます。

【第3章】では、自衛官という仕事へのアイデンティティの源泉を考えました。そこには、社会の中で自衛隊、自衛官が果たしている「任務」というものへの強い自負心、誇りがあります。特に、近年頻発する災害や国際問題等において、自衛隊の役割が外から見えやすくなり、そこに貢献している自分を肯定的にとらえやすくなっているようです。「今日も空が平和だって思えるために、私も一役買っている」(第3章、75ページ)という象徴的な発言がありましたが、自衛隊という組織の任務、そこから落とし込まれた自分に与えられた任務、つまり組織と仕事役割の双方にコミットできている点に、女性自衛官のキャリア形成の拠り所があります。

続けて、自衛官のキャリア形成を、横に広がるキャリアと上に延びるキャリアの二つの側面から検討しました。

【第4章】の横に広がるキャリアは、職種・職域の多様性に加えて、部隊だけでなく幕僚監部での勤務の可能性、さらには他省庁への出向や海外派遣などを含めた働く場の多様性が、前向きに受け止められています。仕事内容のバリエーションは、経験が広がり能力を高めるチャンスとして評価されます。このため、おおむね２～３年ごとに生じる、時に転居も伴う頻繁な異動も、ポジティブに受け止められています。

　こうした異動を含めた経験の積み方は、以前は女性の配置を制限していた職種・職域の存在により男女の違いがありましたが、現在は基本的に男女差がないという意見が述べられました。本書に登場した女性自衛官は、女性の先輩がほとんどいない中でキャリアを形成してきたわけですが、それをマイナスには考えず、モデルがいないからこそ自分らしくキャリアを歩めば良いと考え、自分の中の軸でキャリアを創ってきています。

【第５章】の上に延びるキャリアについては、インタビューの対象が幹部候補生課程を修了した自衛官であったことで、自ずと幹部自衛官としてのキャリア展望を描いている人たちになります。幹部自衛官は、時に指揮官として部隊を統率し、緊迫した場面での重要な決定という厳しい局面に立ちますが、「幹部だったら指揮官やってなんぼ、あの孤独感を知ってなんぼ」（第５章、１３７ページ）というように、指揮官の醍醐味に魅力を感じています。指揮系統が階級により明確になっている点は、むしろ女性にとってやりやすいというのも興味深いです。リーダーとして能力発揮の仕方については、男性指揮官をモデルにするのではなく、自分の経験の中から自分の信じるリーダー像を作り上げている点も重要なポイントだと思います。

仕事をする上で、「女性」ということに起因してどのような壁があったのかについては、【第6章】で考えました。女性たちは「男性社会の中での超少数派女性」であるがゆえに、ジェンダー・バイアスやそこから生じる不合理な取り扱いも経験しています。体力や戦うことへの意識など、男性との違いを自覚する場面もあります。けれども、そうした壁は、自衛官として自分は何をすべきか、という大局的な見方によって乗り越えることができているようです。自衛官としての誇りというアンカー(錨)を拠り所にした壁の乗り越え方といえるでしょう。この仕事へのひたむきさが、困難なときに上司をはじめ周囲の支援を引き出します。

体力が必要な任務遂行や戦闘場面のような状況は、女性自衛官に立ちはだかる「壁」として私たちは紹介したわけですが、もしかすると彼女たちのキャリア形成にとってはそれほど大きな障壁ではなかったのかもしれない、と思ってしまうほどに自然に対応しています。社会の変化の中で、自衛隊としても女性活躍のための取り組みを組織的に進めているのは当然の流れではありますが、パイオニアである女性自衛官が壁を乗り越え、時には壊してきた実績が、自衛隊という大きな組織を動かしてきたという側面も小さくなかったはずです。
【第7章】では、おそらく女性自衛官にとってキャリア形成上の最大の障壁ともいえる、自衛官としての任務と子育て責任との間での葛藤を取り上げました。この葛藤は、自衛官の任務の「即応態勢」、「危険を顧みず」ということを踏まえると、極めて大きなものがあると想像できます。「いざ」というときには家族よりも任務を優先するという心構えで仕事をしている、と言うのは簡単ですが、その意味を第三者の私たちが正しく受け止められているのか自信がありません。子どもに「何かあったらママもパパもいなくなる」と言って聴かせるという語り（第7章、１９１ページ）は、その場面を想像するだけで胸が締め付けられる思いです。子育てとの両立はパートナーを含めた家族はもとより、地域の中でのネットワークを駆使して一人で抱え込まずにリスクヘッジをしながら対応することで乗り切っています。

女性自衛官の任務遂行へのひたむきさは、職場の支援を引き出し、男性の子育てという新たな課題提起にもつながっています。また、任務ありき、と硬直的にとらえず、状況によっては良い意味で割り切る、という現実的な対応もなされています。自衛官の任務と母親は自分だけという子育ての役割が両立できているのか、ということの答えは一人ひとりの中でしか結論は出せないと思いますし、これからも続いていくテーマだと思いますが、「子育ては最も大事な安全保障」（第7章、237ページ）だからみんなで支える、という言葉で腑に落ちました。

自衛隊組織と女性

　こうして女性自衛官のキャリアを総括してみると、彼女たちが「自衛隊という組織」そして「自衛官の任務」の双方に強い「コミットメント」意識を持ちながらキャリアを形成していることがわかります。「コミットメント」というのは、組織や仕事、さらにキャリアに関しても使われます。この概念を早い時期に提唱したリチャード・マウディらは、組織コミットメントは、①組織の目標や価値を信頼し受容すること、②組織のために努力しようとすること、③組織のメンバーであることへの願望を持つこと、という特徴があると指摘します[32]。女性自衛官の自衛隊組織に対する意識や自衛官の仕事への意識をみていると、この「コミットメント」の強さというものを実感します。

　この組織と仕事のそれぞれへのコミットメントを生む背景について、自衛隊の組織、そして自衛官の仕事（任務）の中身を分解しながら、女性のキャリア意識に迫りたいと思います。まず自衛隊の組織の特徴として、以下の五点があげられます。

一つは、自衛隊という組織が持つ任務の明確性です。次節で述べる「自衛官の任務」とも関連しますが、自衛隊は「我が国の平和と独立を守り、国の安全を保つ」実動部隊です。「国の平和と独立を守る」という点で、わかりやすく、かつ極めて重要な任務を担っている組織であることが、自衛官の誇りの基礎にあることは間違いありません。

二つ目の特徴が、自衛隊組織は、明確な階級により成立しているヒエラルキー組織であることです。自衛官は、幕僚監部や部隊等で勤務しているときは制服を着用し、階級章によって階級がわかる仕組みになっています。その階級に対し、敬意を込めて敬礼をするなど、自衛隊のピラミッド型組織における階層は明確かつ厳格な運用となっています。これは、有事において指揮命令系統を明確にしておく必要があるからです。このヒエラルキーの明確さは、女性にはなじみにくいかもしれないと考えていましたが、それは誤解だったようです。

まず、この指揮命令系統の明確さにより立場で仕事ができるので、部下にとっては「女性上官」ではなく「上官」として認識されるという透明性があるのです。もちろん男性部下の心の中では様々な想いがあるかもしれませんが、少なくとも仕事をする上ではこの透明性がプラスに働きます。同時に、幹部自衛官は経験や能力によって昇任する実力重視である点が「男女平等」な職場と女性から評価されています。そもそも「幹部」になることが前提の女性たちなので、部隊を指揮する立場となることも当然視野に入れて仕事をしています。

三つ目の特徴として、任務は組織的に遂行されるということです。自衛隊の組織自体が多様な職種を包含する自立型組織ですが、個別任務の遂行に当たっても多様な役割を担う自衛官たちがチーム力を発揮します。災害支援を例にとれば、台風や豪雨などの自然災害によって被災した人の人命救助や、食べ物や毛布などの物資を届けるというように、被災者に対する直接的な支援だけでなく、その支援に至るまでの後方支援として、被災地の状況についての情報収集・分析、関係機関との調整・折衝、支援物資の調達や輸送など、多くの人が関わって一つの任務を成功に導くことになります。

この、互いの仕事に支えられて自衛隊のミッションが成立していることを、自衛官はトレーニングや任務遂行の中で内面化していきます。仲間との協力の重要さが身に染みているのです。女性自衛官が、男性に比べて自分の体力や腕力のなさを感じたとしても、チームの一員として自分は何ができるのか、ということを常に考えながら行動しています。どんなに力の強い隊員がいても一人では何もできない、チーム力をどう高めるか、ということは、指揮を執る場面でも、幕僚として補佐をする立場でも、意識化されています。

四つ目の特徴が、根強い「男性社会」ということでしょう。男性が多い組織はたくさんあ

ります が、現段階で男性が圧倒的に多いことに加えて、男性がマジョリティであることはこの先もそう簡単に変わりそうもない組織だと予想されます。それは、自衛隊は時に「戦闘場面」にも直面する可能性があり、戦闘方法が変化すれば別ですが、現状を前提にすれば女性だけの部隊が戦うことや人命を救助するということは考えにくいからです。

男性社会であることが、超少数の女性のキャリア形成を阻害していることは否定できませんが、女性たちは男性に「同化」しないで、男性とは違う自分たちの役割があるということを意識しているようです。「ダイバーシティ」の重要性ということも多く語られますが、むしろ自身の同化しない「異質性」がプラスであることに自覚的になっていることがポイントではないでしょうか。

五つ目の特徴として、自衛隊の自己変革という側面を指摘しておきたいと思います。時には防衛技術が科学技術を牽引するという側面があるように、自衛隊は新しいことを取り入れることについて、開放的な組織なのではないかと考えます。「規則を破らなくてはいけないときに決心できるのが幹部だ、と言われた」（第5章、135ページ）という発言でそれに気が付きました。前例踏襲、規則どおりに同じことを繰り返すのでなく、新しい発想が受け入れられる組織の風土があるように思います。こうした組織風土の中に、男性と違う立ち位置で能力を発揮しようとする女性の能力を引き出す土壌があるのかもしれません。女性自衛官の存在意義が改めて浮き彫りになりました。

もちろん、女性のキャリア形成という観点からみれば自衛隊組織の課題は山積しています。最も大きな課題は、今いる女性自衛官は、少数だからこそ精鋭である可能性が高いということです。多くの女性に門戸を開くのであれば、この女性の頑張りに依存していることは早晩限界がくるでしょう。「普通の女性たち」も自衛官のキャリアを目指すようになるのかどうかは、自衛隊がさらに自己変革ができるかどうかにかかっているようにも思います。

自衛官の任務と女性

次に、自衛官の仕事を分解しながら、女性の仕事やキャリアへのコミットメントの背景を考えていきましょう。自衛官の仕事の特徴として、以下の四点をあげたいと思います。

第一に、自衛官の「任務」の公共性と重要性です。女性自衛官が自分の仕事やキャリアをポジティブに語る基礎に、自衛官としての「任務」があることは繰り返し述べてきたとおりです。自衛官の場合は、「仕事」や「職務内容」と言うよりも「任務」と表現する方がしっくりくるので、「任務」と表現してきました。「国民を守る」、「国難に対処する」という語りから、任務のスケールの大きさへの誇りが読み取れます。これは自衛隊の存在意義と関連し、国を守るために自分の仕事がある、という強い自負は、自衛官の任務遂行における厳しさを乗り越える力になっています。「公」の任務と子育て責任などの「私」の間で両者をどのように調整するのか、というのは誰にとっても難しい局面になるわけですが、ここで語られるのが「命を懸けてでもこの国を守る」（第3章、80ページ）という強烈なメッセージです。「服務の宣誓」をした自衛官は、有事には「公」を優先するものだ、ということは常に意識しています。もちろん、現実にはそれができない場面もあるかもしれませんが、「いざ」に備えておく覚悟は、自分の任務の重要性を誰よりも理解できているからこそなのだと思います。

第二に、自衛隊の「任務は組織的に遂行される」という特徴と関連する、仲間との関係性における特徴をあげたいと思います。わかりやすい言葉でいえば「仲間との強い絆」です。自衛官の任務は、時には生命の危険と隣り合わせにあることから、仲間を頼りにする、また頼りにされる自分というものを実感する、という場面が多くなります。仲間との絆により、仲間に迷惑をかけたくないという責任感が強化される一方で、困ったときは互いに助け合えるという安心感も醸成されます。「いざ」に備える覚悟ということを指摘しましたが、万が

一、自分が即時対応ができなくても仲間が助けてくれると思える関係・環境が構築されています。そして、上司や仲間に助けてもらったことへの感謝の気持ちが、他の人を助けたい、さらに後進を育てたいという気持ちを醸成し、これらが循環しているように思われます。

　第三に、仕事を通じて任務への責任感がより強化されていくという点があります。何度も言いますが、女性自衛官の任務への強い想いには心を揺さぶられるものがあります。それがどこからくるのかというと、日々の任務遂行を通じて、ということのようです。自衛官の全員が最初から「国を守る」強い気持ちがあったわけではないようですが、訓練や任務を通じて、周囲の自衛官の奮闘に触れながら、自分の役割への認識が強化されるようです。おそらくそうしたことを通じて、目の前の任務がどこにつながっているのかということが明確になっていき、さらにキャリアを積み重ねることによって全体を俯瞰してとらえる視点の高さをも涵養《かんよう》されているのではないでしょうか。

　第四に、職務経験の多様性があげられます。本書では、横に広がるキャリア、上に延びるキャリアとして紹介しました。横に広がるキャリアは、転居を伴う異動を含めて、自分の可能性を広げて挑戦するチャンスと極めてポジティブにとらえられています。もちろん指揮官として部隊を動かすことの醍醐味や、幕僚監部等で幕僚として部隊等の隊員のために任務を遂行することも魅力に感じています。時には子育てとの両立に悩むこともありますが、オファーされた仕事は断らない、という強い気持ちで自身のキャリアの展開を前向きにとらえる姿がありました。

自分らしさと任務遂行

さて、本書のテーマは、女性自衛官は、「自分らしさ」と「任務遂行」がどのように共存していたのか、ということでした。このテーマを設定したのは、「自分らしさ」＝いわゆる私の部分と、「任務遂行」＝いわゆる公の部分とは対立することが多く、特に自衛官は「公」の「任務」が強烈であるために、「私」と「公」の調和、調整の難度が高い組織なのではないかという課題意識があったからです。

女性自衛官の語りからこの点を結論づけるなら、彼女たちにとって「任務遂行」と「自分らしさ」とは、かなりの部分が重なっている、ということです。

任務遂行というと、外から与えられるもので、時には自分の意に反することでも遂行しなくてはならないもの、と考えがちです。しかし、女性自衛官の語りから、「任務遂行」の重苦しさは感じられません。それはなぜなのだろうかと考えてみると、自衛官としての任務に自身のアイデンティティを強く見出しているから、つまり、任務を遂行することが「自己実現」につながっているからなのではないでしょうか。それは自衛隊の任務を無批判に受け入れているからではなく、自分の仕事が社会の中でどのようなポジションにあるのかを常に意識しているからでもあります。

　働く人が何によって動機づけられるのか、について、伝統的な考え方においては、報酬や職務設計など組織が提供するものが注目されてきました。しかし最近は、従業員の能動性、主体性が注目されるようになってきました。その一つが、エイミー・レゼネスキーらが提唱した「ジョブ・クラフティング」という概念です[33]。クラフティング（crafting）は「手作り」ということで、自分の仕事に工夫を加えることでやりがいが高まるということです。女性自衛官の語りからは、「認知的クラフティング」が働いている、つまり、自分の仕事の目的や意義を自分の中で、自分の言葉でとらえ直し、自分のキャリアにおける仕事の意義を見出しているということのように感じました。

　国を守り平和を維持することの重要性は誰もが共感できることで、この「意義」は自明であるように思えます。しかし、女性自衛官から異口同音に、そして繰り返し「任務の達成感、使命感、責任感」という言葉が出てくるのは、この任務遂行の難しさというものを実感しているからだと感じました。「私」と「公」の領域間の葛藤を感じているからこそ、自身の任務に自覚的になっているのではないかと思います。もちろん、これは女性自衛官に限ったことではないはずですが、子育てをしながら幹部としての重い責任を自覚して任務を遂行している女性自衛官は、特にこの意識が強いのではないかと推察します。

しかし、「私」を顧みず「公」のために、という悲壮感はなく、むしろ、自分がやりたいこと、やるべきことの延長に「自衛官の任務」があったという方が適切かもしれません。プロローグでキャリアを考えるキーワードとして、「できること＝can」、「やりたいこと＝will」、「価値を感じること＝value」の三つをあげています。この三つ目の「value」は、「must」や「should」と紹介されることがあります。つまり、やらなければならないこと、やるべきこと、ということになります。しかし、私たちは「value」を意図的に使いました。自分が何に価値を感じるのか、それが女性自衛官の「私領域」である自分らしさと「公領域」の任務を調和、共存させるキーワードになると考えたからです。

任務遂行が自分らしい生き方に通じているという納得感は、自分のキャリアを自律的にとらえる基本だと思います。同時に、任務遂行に当たって、男性自衛官がたどってきた前例にとらわれず、自分は何ができるのかを考えている姿も印象的です。任務遂行においても、自分のやり方を工夫しながら組織貢献の在り方を考えていく、という点で「自分らしさ」が活かされていたといえます。

自分の任務の本質を忘れず、それへの強い責任感を持って様々な壁に挑戦してきた女性自衛官の語りからは、多くの気付きがありました。同時に、組織とともに共存する「私＝自分らしく」を実践している柔軟性は、女性だけでなく男性のキャリア形成にとっても参考になる重要な点だと思います。

あとがき

本書の内容のかなりの部分は、女性自衛官の語りから構成しています。働く場で多くの女性は、壁にぶつかり、時には壁の前で自分らしいキャリアを諦め、悔しい思いをしてきました。それを乗り越えてきた女性自衛官ですが、自衛隊という組織の中でそのキャリアの足跡が順風満帆であったはずはなく、様々な想いの中でキャリアを形成したはずです。その強さはどこから来るのか。女性自衛官の生の言葉には説得力があり、できるだけそのままの語りを紹介して、その意味するところをみなさんと一緒に考えたいと思ったのです。

膨大な語りの中から本当に適切な紹介ができているのだろうか、きちんと解釈ができているのだろうか、と不安はありますが、何とか出版できたことに安堵しています。

プロローグでも述べましたが、本書のベースは、著者の一人の上野が法政大学大学院キャリアデザイン学研究科で執筆した修士論文（２０２０年３月）です。論文指導をした武石は、女性のキャリアを研究してきましたが、女性自衛官の語りには、働く女性が直面する課題が集約されていると同時に、それを自分の中で消化して前向きに進んでいる点に強い衝撃を受